# 重庆赫杰精密机械有限公司
## Chongqing Holje Precision Machinery Co., Ltd

HOLJE
Control & fixture systems

## 检具标准件系列
## Check fixture standard parts

### 赫杰红标系列 6个自由度
### Holje Red Line 6-adjustable unit

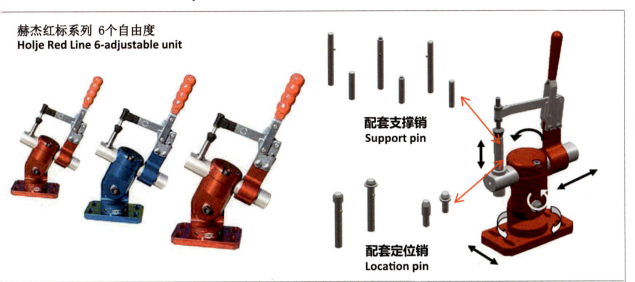

配套支撑销
Support pin

配套定位销
Location pin

### 赫杰三向调节定位机构
### Holje 3-direction adjustable unit

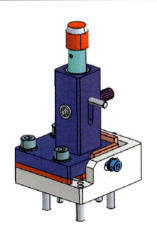

### 赫杰勾销、滑动单元机构
### Holje flower pin, sliding unit

公司地址 　重庆市渝北区回兴街道羽裳路36号2幢
(Address): No. 36, Yushang Road, Huixing ,Yubei district,Chongqing.
公司主页（Web）： www.holje.cn

电话（Telephone）：13647606820　023-67136158
传真（Fax）：023-67454826
邮箱（E-Mail）：li.rong@holje.cn

# 重庆赫杰精密机械有限公司
## Chongqing Holje Precision Machinery Co., Ltd

## 检具标准件系列
## Check fixture standard parts

### 槽型型材及连接件 (Slotted profiles and connectors)

### 孔型型材及连接件 (Perforated profiles and connectors)

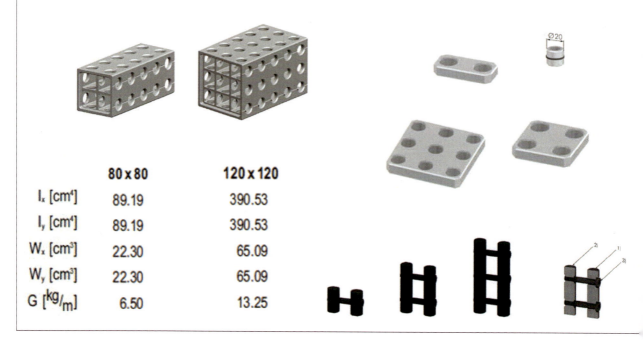

|  | 80 x 80 | 120 x 120 |
|---|---|---|
| $I_x$ [cm⁴] | 89.19 | 390.53 |
| $I_y$ [cm⁴] | 89.19 | 390.53 |
| $W_x$ [cm³] | 22.30 | 65.09 |
| $W_y$ [cm³] | 22.30 | 65.09 |
| $G$ [kg/m] | 6.50 | 13.25 |

公司地址： 重庆市渝北区回兴街道羽裳路36号2幢
(Address): No. 36, Yushang Road, Huixing ,Yubei district,Chongqing.
公司主页（Web）： www.holje.cn

电话（Telephone）： 13647606820　023-67136158
传真（Fax）： 023-67454826
邮箱（E-Mail）： li.rong@holje.cn

# 重庆赫杰精密机械有限公司
Chongqing Holje Precision Machinery Co., Ltd

## 产品系列展示
## Products Display

### 整车主模型检具（Cubing）

### 车身匹配样架（PCF）

### 碳纤维支架（Carbon fiber CMM）

公司地址： 重庆市渝北区回兴街道羽裳路36号2幢　　　　电话（Telephone）：13647606820　023-67136158
(Address)： No. 36, Yushang Road, Huixing ,Yubei district,Chongqing.　　传真（Fax）：023-67454826
公司主页（Web）： www.holje.cn　　　　　　　　　　　邮箱（E-Mail）：li.rong@holje.cn

# 重庆赫杰精密机械有限公司
## Chongqing Holje Precision Machinery Co., Ltd

## 产品系列展示
## Products Display

### 外匹配综合样架（AMB）

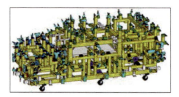  

### 冲压/总成件测量支架（Stamping/Assembly Parts CMM）

### 其他检具类产品（Other）

 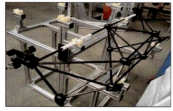  

---

公司地址： 重庆市渝北区回兴街道羽裳路36号2幢  电话（Telephone）：13647606820  023-67136158
(Address): No. 36, Yushang Road, Huixing, Yubei district, Chongqing.  传真（Fax）：023-67454826
公司主页（Web）： www.holje.cn  邮箱（E-Mail）：li.rong@holje.cn

汽车制造业高技能人才培养丛书

# 冲压件三坐标实用检测技术

主　编　方阶平　卢金臣
副主编　王建军　李兴义
参　编　王　宇　王永涛　刘　攀
　　　　田　浩　张　强　齐　奇

机 械 工 业 出 版 社

本书总结归纳了冲压件三坐标测量的知识，由点到线成面，编织成一张相互关联、系统、实用的知识网。本书内容涵盖（冲压件）测量的整个生命周期，主要包括冲压件测量项目开发阶段的核心环节；冲压件测量支具开发和验收流程；考核测量重点关注的问题与解决方法；特殊分析测量的经典案例与分析；主流测量软件（Piweb、Caligo、GOM）的详细基础操作指导；程序自主开发的相关经验总结；行业未来展望等。

本书适合三坐标检测的从业人员和有志于从事测量工作的工程技术人员阅读使用。

## 图书在版编目（CIP）数据

冲压件三坐标实用检测技术 / 方阶平，卢金臣主编. —北京：机械工业出版社，2023.3

（汽车制造业高技能人才培养丛书）

ISBN 978-7-111-72652-4

Ⅰ. ①冲… Ⅱ. ①方… ②卢… Ⅲ. ①冲压—三坐标测量机 Ⅳ. ①TH721

中国国家版本馆 CIP 数据核字（2023）第 029612 号

机械工业出版社（北京市百万庄大街 22 号　邮政编码 100037）

策划编辑：孙　鹏　　　　　责任编辑：孙　鹏
责任校对：张昕妍　梁　静　封面设计：鞠　杨
责任印制：单爱军
北京虎彩文化传播有限公司印刷
2023 年 5 月第 1 版第 1 次印刷
184mm×260mm・10.25 印张・2 插页・182 千字
标准书号：ISBN 978-7-111-72652-4
定价：99.90 元

电话服务　　　　　　　　　　网络服务
客服电话：010-88361066　　　机　工　官　网：www.cmpbook.com
　　　　　010-88379833　　　机　工　官　博：weibo.com/cmp1952
　　　　　010-68326294　　　金　书　网：www.golden-book.com
**封底无防伪标均为盗版**　　　机工教育服务网：www.cmpedu.com

# 序

党的十九大召开后,《求是》杂志发表文章强调"制造业是实体经济的主体,制造业的高质量发展关系到经济高质量发展的全局,必须摆在更加突出的位置。"制造业高质量发展的顶层设计必将推动我国制造业的发展转型。高质量产业转型,离不开更加专业的质量控制方法和先进的质量控制技术。

汽车制造是高端制造的重要组成部分,新能源汽车制造更是未来竞争的主赛场。近些年,大批新兴汽车企业涌现,行业对于专业工程师和技师的需求量大幅增加。本书就是一本关于三坐标的实用性专业书籍。本书将"尺寸工程"细化解构为"设计、制造和控制"三大类型,并且结合具体案例,详细介绍了尺寸质量体系的建立、项目开发流程、质量控制与管理、供应商管理,以及专业软件的基础操作方法介绍等。

"骏马追星依老将,雕弓写月靠新军",制造业是一个需要沉淀的行业,要有老将的经验,也要有新军的想法。三坐标测量技术在汽车、机械制造、航空航天等行业中的应用越来越广泛,三坐标技术也在不断更新,从接触式测量升级为非接触式测量,精确度与效率也显著提升。我们也需要跟上技术迭代的脚步,才能把握住技术变革的机遇。

本书内容深入浅出,语言通俗易懂,能够帮助技师与工程师提升专业能力,帮助初创企业构建冲压件尺寸质量管理机制。本书是目前行业内少有的工程应用类专业书籍,是一本值得借鉴的测量技术专著。

王树才

# 前言

作为三坐标测量方面的专业书籍，本书编写的目的是向相关的从业人员和有志于从事测量工作的同事们，分享专业的测量知识、宝贵的测量经验和核心的三坐标质量功能与体系。

目前，在行业内广泛采用的工程师培养制度是"师徒制"，言传身教的培养方式。但是由于三坐标知识的专业性和广泛性，导致这种培养方式成本高、系统性弱、知识局限性大。而国内相关的三坐标测量的书籍更注重理论性，而忽略实用性。因此，我们组织业内资深三坐标工程师团队，从实用的角度出发，用最小的篇幅，介绍（冲压件）三坐标测量的基础知识与常用操作。作者都是具有丰富一线工作经验的资深工程师，他们将多年积累的宝贵知识与经验浓缩于本书中，将这些知识与经验转化成书面语言，使本书能够成为一本优秀的工具类专业指导书籍。

本书将（冲压件）三坐标测量分散的知识点总结归纳，由点到线成面，编织成一张相互关联、系统、实用的知识网。本书内容涵盖（冲压件）测量的整个生命周期，主要包括冲压件测量项目开发阶段的核心环节；冲压件测量支具开发和验收流程；考核测量重点关注问题与解决方法；特殊分析测量经典案例与分析；主流测量软件（Piweb、Caligo、GOM）的详细基础操作指导；程序自主开发的相关经验总结；行业未来展望等。

本书可以帮助读者快速地掌握（冲压件）三坐标测量最核心、最实用的专业技能，再配合"师徒制"的实践与训练，能达到事半功倍的效果，为行业快速地培养三坐标测量人才。同时，本书也能够帮助相关企业，快速建立起专业的、高品质的三坐标质量体系和测量团队，帮助公司更好更快地发展。

蓄之久矣，其发必速。作为首都汽车工业的先行者，豪华品牌中高端汽车制造的典范，我们一直以更高的质量自我要求，勇担行业先行者的重担。每一位工程师都在自己的岗位上精耕细作，开拓创新。联合强大的技术支持，不断深化与新技术的融合，三坐标测量技术也搭上了智能制造的顺风车，从手动测量到 CNC 测量，从接触式测量到光学测量，推动了整个行业发展，从而制造出更高质量的产品，帮助全行业进行技术提升，共同进步！

# 目 录

序

前言

第1章 新项目开发 ································································· 1
  1.1 新项目开发流程 ···························································· 1
    1.1.1 时间节点 ······························································· 1
    1.1.2 项目开发流程概览 ··················································· 3
  1.2 测量系统规划 ······························································· 4
    1.2.1 测量零件的规划 ······················································ 4
    1.2.2 测量设备的规划 ······················································ 5
    1.2.3 测量点的规划 ························································· 6
    1.2.4 测量点分类 ···························································· 7
    1.2.5 尺寸测量点布置设计原则 ········································· 7
    1.2.6 冲压件选点规范 ······················································ 9
    1.2.7 测量点的命名 ························································· 10

第2章 冲压件支具设计与使用 ············································· 12
  2.1 冲压件支具设计 ···························································· 12
    2.1.1 基准及冲压件定位原理 ············································ 12
    2.1.2 测量支具支撑夹紧设计 ············································ 14
    2.1.3 定位销设计原则 ······················································ 19
    2.1.4 定位销设计 ···························································· 20
    2.1.5 支具支撑结构设计 ··················································· 22
  2.2 冲压件支具验收 ···························································· 28
    2.2.1 支具设计验收 ························································· 29
    2.2.2 支具设计数据管理 ··················································· 31

2.2.3　支具发货前验收 …………………………………………………… 31

2.2.4　支具终验收 ………………………………………………………… 33

2.3　冲压件支具的维护 ……………………………………………………………… 36

## 第3章　冲压件考核测量 …………………………………………………………… 38

3.1　送检频次规划 …………………………………………………………………… 40

3.1.1　监控作用与测量成本 ………………………………………………… 40

3.1.2　送检频次 ……………………………………………………………… 41

3.2　测量方法 ………………………………………………………………………… 42

3.2.1　零件上件方法 ………………………………………………………… 42

3.2.2　坐标系建立原则 ……………………………………………………… 46

3.2.3　测量路径规划原则 …………………………………………………… 49

3.3　冲压件质量监控 ………………………………………………………………… 51

## 第4章　冲压件特殊测量案例分析 ………………………………………………… 56

4.1　扭转与回弹测量问题解决 ……………………………………………………… 56

4.1.1　冲压件特殊分析测量介绍 …………………………………………… 57

4.1.2　扭转问题分析方案 …………………………………………………… 58

4.1.3　回弹问题分析方案 …………………………………………………… 60

4.1.4　通用性总结 …………………………………………………………… 62

4.2　光学扫描测量技术在汽车冲压覆盖件尺寸优化中的应用 …………………… 63

4.2.1　光学扫描测量原理简介 ……………………………………………… 63

4.2.2　与接触式测量的对比 ………………………………………………… 64

4.2.3　汽车冲压覆盖件特性与测量难点 …………………………………… 65

4.2.4　冲压覆盖件的工序件测量 …………………………………………… 66

## 第5章　测量分析软件的使用 ……………………………………………………… 72

5.1　Piweb报告系统 ………………………………………………………………… 72

5.1.1　冲压件全尺寸报告 …………………………………………………… 72

5.1.2　冲压件考核报告 ……………………………………………………… 84

5.2　Caligo测量软件 ………………………………………………………………… 90

5.2.1　前期准备 …………………………………………………… 91
　　5.2.2　导入数模和测量点 …………………………………………… 92
　　5.2.3　建立坐标系 …………………………………………………… 94
　　5.2.4　编写路径 ……………………………………………………… 105
　　5.2.5　常用设置 ……………………………………………………… 110
　5.3　GOM 测量软件 …………………………………………………………… 121
　　5.3.1　自动化光学测量系统简介 …………………………………… 121
　　5.3.2　工业机器人概述 ……………………………………………… 125
　　5.3.3　基于安全 PLC 的安全控制系统概述及设计 ………………… 126
　　5.3.4　自动化光学测量系统网络结构及电气控制图 ……………… 127
　　5.3.5　自动化光学测量系统的使用 ………………………………… 128

第 6 章　冲压件三坐标发展展望 ……………………………………………………… 155

# 第 1 章
# 新项目开发

冲压件三坐标测量项目的开发包含四个环节,按照时间顺序排序分别是"测量支具的开发""测量报告的开发""测量程序的开发"和"现场测量支持"。要使项目顺利落地,这四个环节缺一不可。这四个环节之间并不是简单的线性关系,而是互相之间都有重叠关系。因此,项目控制手段是必不可少的。本章将首先从宏观角度介绍项目的开发流程,让项目规划人员对于时间节点做到心中有数。然后详细地讲解测量规划所涉及的"人""机""料""法""环"五大要素。

## 1.1 新项目开发流程

### 1.1.1 时间节点

通常情况下,一个全新的车型开发周期长达 50~60 个月。从最开始的产品调研、概念设计及规范的制定,到设计和建造过程、样车测试、试生产、生产爬坡、正式量产,每个时间节点的顺利进行,都对项目的开发起着至关重要的作用。

冲压件测量系统的规划开始于设计和建造阶段,当整车技术规范发放、设计冻结、初版量产曲面数模完成后,即可开始冲压件的测量系统规划。冲压件测量系统的规划一般包括测量计划的制订、测量点开发、测量方案的制定、测量支具开发及测量程序和报告开发等。测量计划制订一般可以根据之前车型的经验进行制订,需要考虑到测量成本、测量产能、生产频次等信息。测量点的开发可以与模具开发同时进行,并由模具厂测量部门根据选点规范进行选取。测量支具的开发应从数据冻结开始设计,在模具厂出首件时将合格的测量支具运送至测量室。测量程序及报告模板应在测量点选取完毕之后开始进行,并在测量首件时保证测量程序及报告模板能够正常使用。

报告模板、数据库与测量程序的编制有着密切的关系，它们之间息息相关，且变更成本较大。通过以往项目经验教训的总结，秉承变更成本最小的原则，从技术角度对项目任务进行了规划。

第一阶段：测量支具在验收结束后会借给模具供应商使用，在使用期间，要求模具供应商严格按照规范进行报告模板的制作。当测量报告制作完成后，需要发回厂检查，至少进行三轮检查，直到没有错误为止。检查的内容包括零件数模是否正确、封面标注是否正确、夹紧顺序是否正确、测量方法是否正确、建系原则是否正确、测量点选择是否正确、测量点公差标注是否正确、测量值是否合理等，这样做可以减少回厂后的变更工作。

第二阶段：模具供应商测量支持，与冲压规划工程师及时沟通，了解变更信息，确认正确的版本信息。根据具体情况制订特殊测量计划。

第三阶段：当模具供应商测量报告完善后，就要开始回厂前的编程准备，编程包括测量报告模板制作、测量程序离线编程和测量数据库规划等。这些工作需要在模具回厂之前就完成。

第四阶段：当支具和模具回厂后，需要第一时间拆箱，检查测量支具，同时通知支具供应商进厂支持支具检验，并提前安排测量任务，释放平台压力，优先安排测量支具精度检验工作。所有支具定位主控方向精度需要在±0.1mm 以内，辅控方向精度需要在±0.2mm 以内。

第五阶段：支具精度验收后，需要保存程序与验收截图，以备查看和支具定期校验。接下来进行测量程序的在线调试工作，需要保证测量程序能够正常使用。保证测量机不会与支具碰撞，完成测量结果上传设置，测量结果能正确显示在测量报告中。

第六阶段：通常情况程序调试是为了满足首件测量，因此调试时间有限，只能保证基本功能。程序的精细调整需等待第二轮优化，首件报告不做分享，只发送对应冲压规划工程师，以熟悉回厂模具状态。

第七阶段：当冲压规划工程师第二次送检测量时，需要进行测量程序及报告的第二轮优化，同时进行现场操作员的培训工作，明确上件手法，并进行测量程序使用教学。

第八阶段：自制冲压件一般会经历 6 轮重要时间节点的全尺寸报告状态放行。在会上，装焊工程师、AK 工程师、质量工程师会对零件及报告提出优化整改意见。在第一轮报告放行会后，送检的第一批零件，针对会上提出的修改意见，进行报告及测量程序的第三轮

## 第1章 新项目开发

优化,保证程序及报告的成熟度(在第二轮与第一轮优化之间,根据客户工程师反馈,也会对相关问题进行记录与优化)。

第九阶段:当零件设计发生较大变更时,会对测量程序及报告进行特殊轮优化。

第十阶段:在完成首轮试生产阶段放行会后,需要对报告模板及测量程序进行第四轮也是最后一轮优化,成熟的报告模板及程序将沿用至正式量产阶段,量产后特殊更改需求需要进行评估后方可添加,否则视为特殊测量,遇到工程变更需及时更新程序。

可靠的测量计划,可以帮助主机厂监控项目进度,及时有效地进行零件尺寸问题的整改。

### 1.1.2 项目开发流程概览

冲压件项目开发有多个重要时间节点,在不同的时间节点需要完成对应的工作。图1.1概述了整个新项目的开发流程。

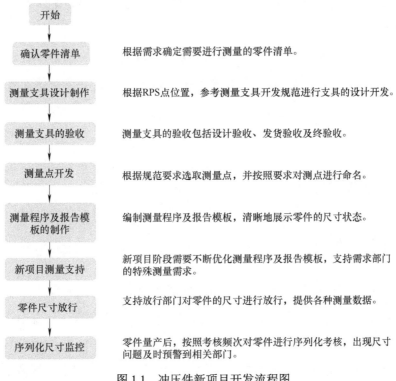

图1.1 冲压件新项目开发流程图

习 题

1. 通常情况下，一个新车型的正常开发周期是多长时间？

答案：50~60 个月。

2. 在冲压件测量规划中，测量系统开发是从什么阶段开始的？

答案：当研发完成整车技术规范发放，设计冻结，初版量产曲面数模完成后即可开始测量系统的开发工作。

3. 测量计划的制定，需要考虑哪些因素？

答案：需要考虑到测量成本、测量产能、生产频次等信息。

4. 在测量开发的第一阶段中，需要检查供应商的哪些工作内容，以保证测量开发的质量？

答案：检查的内容包括，零件数模是否正确、封面标注是否正确、夹紧顺序是否正确、测量方法是否正确、建系原则是否正确、测量点选择是否正确、测量点公差标注是否正确、测量值是否合理等。

5. 在测量开发的第四阶段中，当支具回厂后，对其精度校验的标准是什么？

答案：所有支具定位主控方向精度需要在±0.1mm 以内，辅控方向精度需要在±0.2mm 以内。

## 1.2 测量系统规划

### 1.2.1 测量零件的规划

白车身通常指已经装焊好但尚未喷漆的白皮车身（Body in white），一个白车身通常由几百个零件焊接而成，如图 1.2 所示。对于主机厂而言，如果所有零件都自己生产，需要耗费大量的人力物力。因此大部分主机厂都将零件外包生产，只把部分重要零件自己生产。其中主要包括车身外覆盖件，例如机盖、车门、尾门等。因此三坐标规划测量零件时，一般只考虑自制件的测量。

图1.2 车身零件爆炸图

自制零件一般包含以下零件:机盖内外板、翼子板、车门内外板、窗框、尾门内外板、主地板和小顶盖,如图1.3所示。

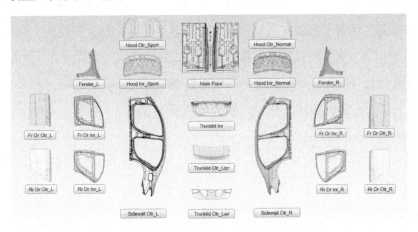

图1.3 自制冲压零件示意图

## 1.2.2 测量设备的规划

测量设备的规划主要考虑的因素有设备的测量能力(能不能测)、设备的测量效率(测得快不快),以及测量设备的成本等。

测量设备根据测量原理的不同,主要分为接触式测量(图1.4)和非接触式测量

（图 1.5）。其中接触式测量主要指探针测量。非接触式测量可以包括影像测量、蓝光拍照式测量、激光点或线扫描方式测量等。但不论是接触式还是非接触式，其最终的目的只是为了获取工件测点的位置，从而判断工件的偏差情况。

图 1.4　接触式测量

图 1.5　激光线扫描测量

选用测量仪器应从技术性和经济性出发，使其类型、规格选择与工件外形、位置、尺寸、被测参数特征相适应，计量特性（如最大允许误差、稳定性、测量范围、灵敏度、分辨力等）适当地满足预定要求，既要够用，又不过高，还要与测量方法的选择同时考虑。根据工件要求误差（公差）选择测量仪器。通常测量仪器的最大允许误差为工件公差的 1/10~1/3。若被测工件属于测量设备，则必须选用其公差的 1/10；若被测工件为一般产品，则选用其公差的 1/5~1/3；若测量仪器条件不允许，也可为其公差的 1/2，但此时测量结果的置信水平就相应下降了。考虑到冲压件一般通用公差为±0.5mm，最小公差一般为±0.1mm，因此需要测量机的精度至少能够达到 0.2mm 的 1/3，也就是 0.06mm。目前的悬臂机、光学测量机都能达到这个精度。

除了测量精度以外，还需要考虑设备的测量效率。目前主流的测量设备一般分为接触式测量和非接触式测量。对于冲压件来说，通常测量点比较多，为了提高测量效率，推荐使用非接触式测量。比如，通常一个车型的侧围冲压件外板，测量点多达 4000 多个，如果采用接触式测量，需要将近 4h 的时间，采用光学测量只需要 1h。

### 1.2.3　测量点的规划

汽车在经过前期设计阶段后，就逐步进入实际生产制造阶段。为了更好地将设计阶段的要求转换为实际测量的要求并且把测量及后续零部件尺寸质量长期的监控管控起来，汽车主机厂需要建立一套统一管理机制，这就是尺寸控制管理。尺寸控制管理是对汽车各层级（整车、白车身、零部件）明确测量点及其工程规范、控制规范、检测方式、检测频次及检测人员等信息的一套系统管理体系。

尺寸测量点是在整车、白车身、零部件上面选取的点，用来对整车、白车身、零部件进行检测，以便能够全面客观地评估各层级（零部件、总成、白车身和整车）尺寸精度，并监控和评估过程的稳定性。

通常情况下，测量点需要具备监控连续性，也就是说对同一个区域，不同考核传感器的监控点应该相同，就能够准确地追溯问题来源。

### 1.2.4 测量点分类

对于冲压件来说，测量点按照用途主要分成两类：一是从白车身测量点继承下来的关重控制点，也就是短程序测量点；二是为了模具优化创建的一般控制点。短程序测量点数量相对较少，但是包含了所有重要区域，这些测量点也作为序列化监控时的测量点使用。一般监控点是模具厂为了全面查看零件的尺寸而选取的测量点，这类点数量比较多，零件的所有区域都会选取测量点，在项目前期，这些测量点尤为重要，也作为零件尺寸放行的依据。每类测量点都包含以下几种测量元素：面点、切边点、孔、距离、圆角等。

测量点按照其用途的不同还可划分为以下几类：

1) 过程控制点。指整车、零部件测量点中反映生产过程的测量点。

2) 关重控制点。指整车、零部件上直接或间接影响整车外观、性能尺寸属性的测量点。

3) 一般控制点。指整车、零部件上影响整车装配尺寸属性的测量点。

4) 统计过程控制点。指在整车、零部件上选取的用于长期监控生产过程稳定性、确定生产过程处于管制状态下的测量点。

5) 测量系统分析点。指在整车、零部件上选取的用于分析和评估测量系统精度和误差的测量点。

### 1.2.5 尺寸测量点布置设计原则

按照评价对象的不同，可将尺寸测量点分为整车级、白车身级、零部件级三个层次。尺寸测量点布置设计的主要内容包括对测量点的具体数量和位置进行确定。通过测量点的合理设计，可以对各个层级评价对象的尺寸质量进行合理的评价。

从图 1.6 可以看出，整车是由白车身+内外饰件组成的，白车身又可以分成 Z2.3+四门两盖。而 Z2.3 和四门两盖又是由冲压件经过焊接组成的。因此测量点在选取的时候应该自上而下开始设计，继承上级测量点的同时不断增加自身零件的测量点。

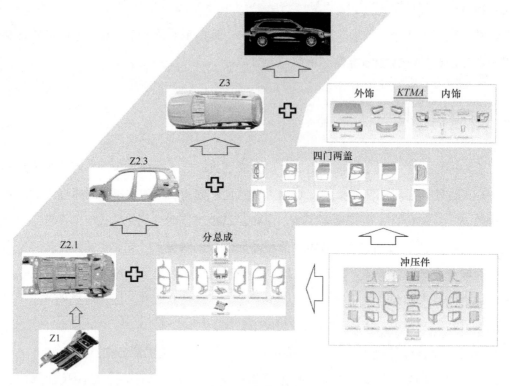

图 1.6　焊接过程

尺寸测量点布置设计的主要原则如下：

1）尺寸测量点需要全面反映设计要求。

2）尺寸测量点需要考虑测量可行性，需要考虑测量设备是否可以进行测量，不能测量的点需要去掉或者更改位置。

3）尺寸测量点的设计布置需要合理安排，考虑密集或稀疏。

4）应该按照从整车、白车身到零部件的设计顺序，从上到下设计测量点。

5）整车级、白车身级、零部件级的测量点应该具有继承性。

## 1.2.6 冲压件选点规范

为了规范测量点选取位置，对于冲压件来说，可以按照下面的要求进行：

测量点选取时应距离圆角>3mm，点距不应大于 80mm，以便能明确边线走向。如果两条结构曲线之间的距离>15mm，则需要三个测量点；如果≤15mm 且大于 5mm，则至少需要两个测量点；如果≤5mm，则需要一个测量点，如图 1.7 所示。

图 1.7 测量点选择规范

对于翻边处测量点的选取，如果翻边长度≤10mm，则选取 1 个测量点；如果>10mm，需要选取 2 个测量点，如图 1-8 所示。

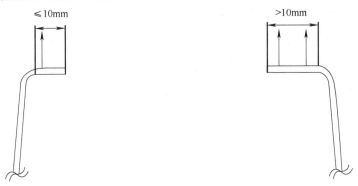

图 1.8 翻边处测量点选择规范

对于切边测量点的选取，如果两条结构曲线之间的距离>15mm，则至少需要两个测量点；如果距离≤15mm，则至少需要一个测量点，如图 1.9 所示。

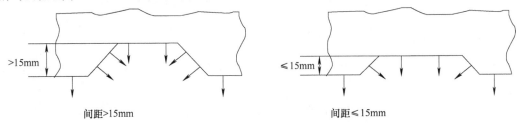

图 1.9 切边测量点选择规范

相对切边测量，总是需要两次测量，除了要对切边进行测量，还必须对形状进行测量。偏差时形状和切边测量结果之间的差异如图 1.10 所示。

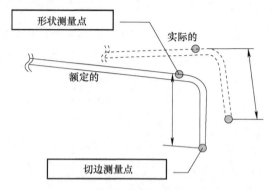

图 1.10　相对切边测量点选择规范

### 1.2.7　测量点的命名

在设计测量点时，为了区别各个测量点，需要科学分类，整车级、白车身级、零部件级均应建立测量点命名规则，方便管理和统计。

对于关键控制点（短程序测量点），命名可以直接沿用白车身对应的测量点名称，这为后续尺寸分析提供更多的便利。对于一般控制点，测量点名称一般根据模具厂自己的要求进行命名，面点、切边点及孔类特征，命名时在名称中需要体现出来，例如面点名称：SUR001；切边点名称：TRM001 等。

## 习　题

1. 白车身指的是什么？

答案：白车身通常指已经装焊好但尚未喷漆的白皮车身（Body in white），一个白车身通常由几百个零件焊接而成。

2. 测量设备的规划主要考虑的因素有哪些？

答案：设备的测量能力（能不能测）、设备的测量效率（测得快不快）以及测量设备的成本等。

3. 测量设备根据测量原理的不同，主要分为哪两种？

答案：接触式测量和非接触式测量。

4. 冲压件的一般性通用公差是多少？

答案：冲压件一般通用公差±0.5mm。

5. 在测量点的分类时，通常分为哪几类？

答案：表面点、切边点、孔、距离、圆角等。

6. 测量点按照其用途的不同还可划分为哪几类？

答案：

1）过程控制点，指整车零部件测量点中反映生产过程的测量点。

2）关键控制点，指整车零部件上直接或间接影响整车外观、性能尺寸属性的测量点。

3）一般控制点，指整车零部件上影响整车装配尺寸属性的测量点。

4）统计过程控制点，指在整车零部件上选取的用于长期监控生产过程稳定性，确定生产过程处于管制状态下的测量点。

5）测量系统分析点，指在整车零部件上选取的用于分析和评估测量系统精度和误差的测量点。

7. 尺寸测量点布置设计的主要原则是什么？

答案：

1）尺寸测量点需要全面反映设计要求。

2）尺寸测量点需要考虑测量可行性，需要考虑测量设备是否可以进行测量，不能测量的点需要去掉或者更改位置。

3）尺寸测量点的设计布置需要合理安排，考虑密集或稀疏。

4）应该按照从整车、白车身到零部件的设计顺序，从上到下设计测点。

5）整车级、白车身级、零部件级的测量点应该具有继承性。

8. 对于翻边处测量点的选取，如果翻边长度是12mm宽，应该选择几个测量点？

答案：2个测量点。

# 第 2 章 冲压件支具设计与使用

## 2.1 冲压件支具设计

冲压件支具需要满足四大要求，分别是①零件有效的固定功能；②支具夹具可以调整；③零件状态能与数模状态拟合；④支具不影响测量机测量。只有满足了这四大要求，才能保证冲压零件测量的准确性。因此在支具的开发阶段，就需要考虑到这些因素，并根据开发规范验收支具。

### 2.1.1 基准及冲压件定位原理

基准是机械制造中应用十分广泛的一个概念，机械产品从设计时零件尺寸的标注，制造时工件的定位，校验时尺寸的测量，一直到装配时零部件的装配位置确定等，都要用到基准的概念。基准就是用来确定生产对象上几何关系所依据的点、线或面。基准可以分为：单一基准、组合基准、基准体系。实际上，基准体系就是对六个自由度的约束。三个相互垂直的理想平面构成空间直角坐标系，也就是我们说的车身坐标系。

基准体系的建立原则。3-2-1 定位原则：一个刚性件共有平动和转动六个自由度，只有完全限制其六个自由度，才能保证零件定位稳定，如图 2.1 所示。

对于薄壁零件而言，由于零件刚性不强，所以在某一个基准面上需要多个定位点，因此多采用 $N$-2-1 原则。

"$N$-2-1" 定位原理认为：

（1）第一基准面上所需的定位点数为 $N$（$N \geqslant 3$）

对绝大部分薄板件加工过程，其最主要的尺寸问题是薄板件法向方向上的变形，甚至其自重所引起的变形就不容忽视。有关分析表明，对一块长宽各 400mm、厚 1mm 的薄板，用"3-2-1"原理定位，在其自重作用下就可能产生 1~3mm 的平均变形。因此，对于薄板件而言，最合理的夹具系统是要求其第一基准面上存在多于三个定位点去限制这一方向上的零件变形。例如车门外板的 $Y$ 向基准设计，如图 2.2 所示。

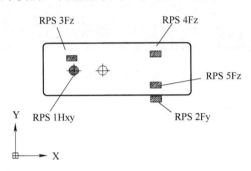

图 2.1  建立坐标系定位原则

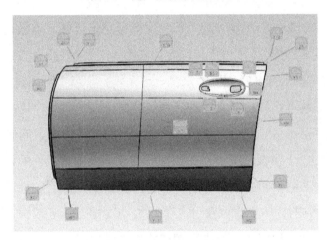

图 2.2  车门外板坐标系

（2）第二、第三基准面所需的定位点为两个和一个

在第二、第三基准面上分别需要两个和一个定位点去限制薄板件的刚体运动。两个和一个定位点是完全足够的，因为实际加工所产生的力通常不会作用在这两个基准面上，以避免弯曲和翘曲。更进一步的分析表明，第二基准面上的两个定位点应布置在薄板件较长的边上。这是因为当两个定位点间距尽可能大时，零件将更稳定，同时还可以更好地弥补零件表面或定位元件的安装误差。例如车门外板的 $Z$、$X$ 向基准设计，如图 2.3 所示。

（3）禁止在正反两侧同时设置定位点

必须强调禁止在工件正反两侧同时设置定位点，因为甚至极小的几何缺陷都可能导致薄板件相对巨大的挠度和潜在的不稳定或翘曲。

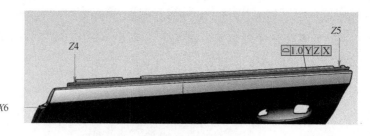

图 2.3　车门外板 Z、X 向定位点

（4）一致性准则（总成和单件基准尽量一致）

为了减少误差传递，零件的设计基准、冲压过程中的基准、零件检具基准、工装基准和子系统检具的基准及装配基准特征必须一致。

冲压件属于薄壁零件，测量时采用 N-2-1 原则，大多数主机厂主要使用 RPS 基准定位，RPS 是 Reference Point System 的英文缩写，中文意思是定位参考点系统，即上文所说的基准。其源自德语单词 REFERENZ-PUNKT-SYSTEM（定位点系统）的缩写，每个定位参考点叫作 RPS 点。相信对车身开发工程师来讲，该系统并不陌生，其在前期车身开发设计、后期装配，以及质量管理尺寸检测方面都起到了非常重要的参考作用。该系统适用于汽车零件、装配总成等产品形成过程中所有阶段中的尺寸标注、制造、储运和检验，既便于制造系统和检测系统的统一定位，又可以保证配合尺寸关系。冲压件的测量需要按照 N-2-1 的基准定位方式进行支撑，才能进行测量。对于支撑位置的选择，应该遵循研发部门的 RPS 设计。在进行支具设计时，将支撑位置设计在 RPS 点周围 15mm 以内。测量时首先将零件定位到测量支具上，然后按照规定的夹紧顺序将零件固定好。使用测量机建立支具坐标系或者零件坐标系，将所有 RPS 点调整到允许误差内（±0.1mm），完成调整后进行正常测量。

## 2.1.2　测量支具支撑夹紧设计

一般夹紧结构：

为了在测量时控制零件由于自重导致的变形，需要在每个 RPS 点处设置一个支撑，必要时增加夹紧装置，如图 2.4 所示。

对于夹紧位置和 RPS 点的相对位置关系，不同的主机厂会有不同的规定，但一般要满足如下几个规则：

夹紧位置距离 RPS 点应小于 20mm，如果由于结构形式限制不能满足，需要和客户部门协议商定，但是距离也需要控制在 30mm 以内。

夹紧位置不允许位于预计有回弹的方向上，如图 2.5 所示。

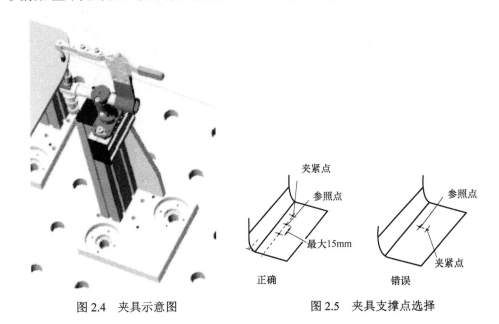

图 2.4　夹具示意图　　　　　图 2.5　夹具支撑点选择

夹紧点位置和 RPS 点应位于相同的表面上，如图 2.6 所示。

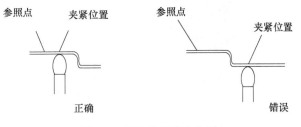

图 2.6　夹具支撑球头位置

支撑点的精度应控制在±0.2mm 内。

支撑点如果选用球头支撑，支具部分和零件应设计足够的自由空间，方便测量机进行测量，如图 2.7 所示。

由于测量时会对 RPS 点的偏差进行微调，因此支撑应确保有±5mm 的可调范围，并且需要设计零位结构，方便将支撑恢复成零位。同时，为了分析零件的回弹大小，需要根据需求将支撑退回到不接触零件，因此支撑结构需要设计一种可以回退的机构，目前经过改进与优化，对支撑部分设计了更方便使用的结构，该结构可用于空间充裕的支撑部位，如图 2.8 所示。

红标机构6自由度可调　　　　　　　　灰标机构5自由度可调

图 2.7　夹具支撑球头结构

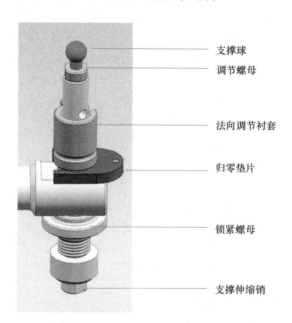

图 2.8　夹具支撑功能性结构示意图

对于空间狭小或者有特殊需求的支撑，应根据实际情况单独设计支撑结构，举例如下：

1）滑动支撑结构（图 2.9）。该结构一般用于两个 RPS 点距离比较近，且两个 RPS 点控制不同方向。例如翼子板的 $Y_1/Z_4$ 和 $Y_9/Z_5$ 滑动结构可以单独调整两个方向上的偏差，并且可以使某个方向在自由状态，调整另外一个方向。

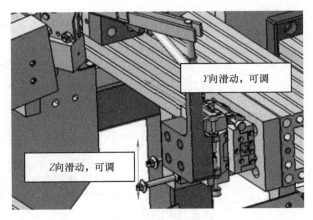

图 2.9 滑动支撑结构

2）停靠支撑结构。该结构一般用于外板翻边上的定位，上件时只需要将零件靠到支撑上，不需要进行夹紧，如图 2.10 所示。

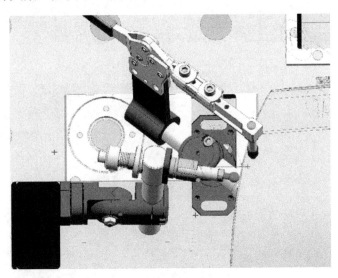

图 2.10 停靠支撑结构

3）小空间支撑结构。由于有些零件的 RPS 点位置比较特殊，没有足够的空间使用普通的支撑结构，需要设计一种结构小巧、功能实用的支撑结构，满足微调、回退、锁紧功能，如图 2.11 所示。

由于零件存在回弹，因此只有支撑不能满足零件的定位，还需要采用夹紧装置，一般采用夹钳夹紧，夹钳的种类比较多，可以根据需要选择不同的夹钳结构，如图 2.12 所示。

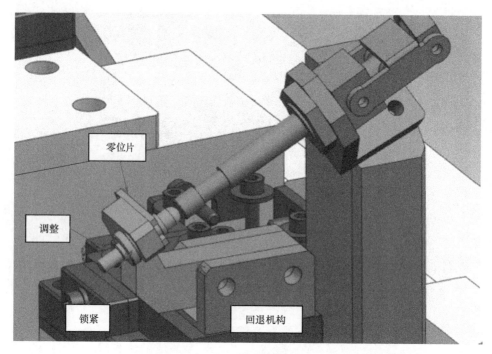

图 2.11 小空间支撑结构

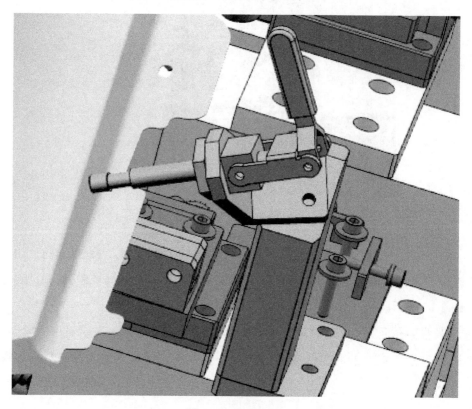

图 2.12 异形夹头

## 2.1.3 定位销设计原则

冲压件定位孔的种类：

一般情况下，通过两个孔定位零件，一个圆形主定位孔，定位零件的两个方向，一个长圆孔，定位零件的一个方向，如图 2.13 所示：

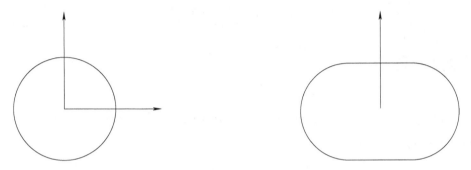

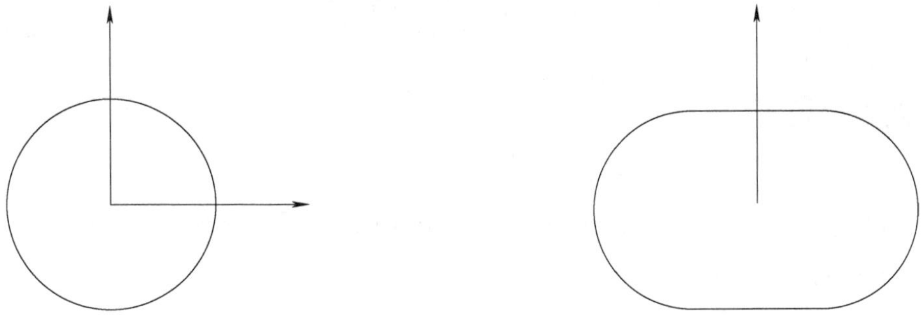

图 2.13　圆形销孔与长圆形销孔

冲压件的定位孔形状一般有以下几种：

1）普通孔（冲压方向垂直表面）如图 2.14 所示。

图 2.14　普通孔（冲压方向垂直表面）

2）翻边孔（下翻边）如图 2.15 所示。

图 2.15　翻边孔（下翻边）

3）翻边孔（上翻边）如图 2.16 所示。

图 2.16　翻边孔（上翻边）

4）普通孔（冲压方向不垂直表面）如图 2.17 所示。

图 2.17　普通孔（冲压方向不垂直表面）

5）斜冲孔（带翻边）如图2.18所示。

图2.18　斜冲孔（带翻边）

### 2.1.4　定位销设计

对于前三种定位孔，一般使用锥销定位，锥销定位能够很好地起到定位作用，销子和零件之间没有间隙，如图2.19所示。

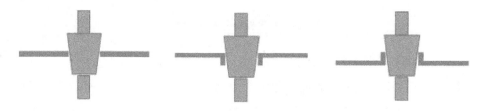

图2.19　定位销与销孔

锥销的设计原则：锥度为1∶10，最小尺寸为孔径-0.5mm，下部应设计通风装置和自由行程，如图2.20所示。

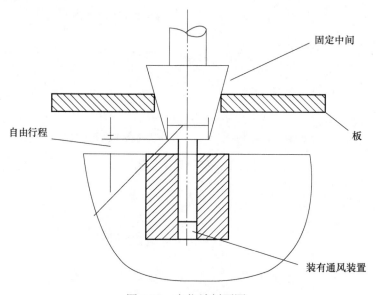

图2.20　定位销剖面图

由于使用锥销定位零件时，如果插入销子时用力较大，会导致零件变形，影响测量结果，因此设计锥销的同时，应同时设计销子的零位支撑，如图2.21所示，插入销子前，先用零位支撑固定零件，再插入锥销，当定位零件结束后，需要将零位支撑退回，以免影响测量结果。

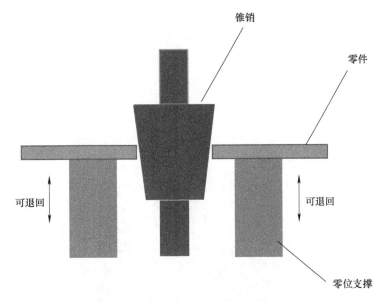

图2.21　锥销定位与工件位置示意图

对于后两种定位孔，一般使用直销定位，直销设计时为了方便插入零件孔位，一般直径设计值要比孔径小0.1mm，由于插入时销子和零件之间会有一个间隙，因此定位时会存在误差，如图2.22所示。

图2.22　直销定位工作原理图

直销设计原则：销子直径为孔径-0.1mm，下部应设计通风装置及自由行程。

## 2.1.5 支具支撑结构设计

冲压件测量支具目前常用的主要有两种结构,整体框架式结构和分体式结构。整体框架式结构主要应用在门内板、翼子板和侧围支具设计上,分体式结构主要应用于车门外板、机盖内外板、主地板以及尾门零件等。

(1)框架式结构设计　框架式结构如图 2.23 所示,框架一般由方钢焊接或者铝型材搭接而成,立柱通过螺栓固定到框架上面,整个框架刚性高,结构稳定,通过天车吊装的方式放到测量机平台上面,框架下面设计有万向轮方便移动。框架下部设计有定位销结构,可以配合维特基板使用,将测量支具固定到设计好的位置。

图 2.23　框架式结构支具

框架式结构主要由以下几部分组成:底座部分、主体框架、立柱部分和夹紧部分。

1)底座部分。为了保证支具的通用性,应该保证测量支具能放置在任何平台进行测量。维特标准的基板，孔间距为 100mm，孔径为 20mm，所以设计底座定位销时应保证孔间距为 100mm 的整倍数，如图 2.24 所示：

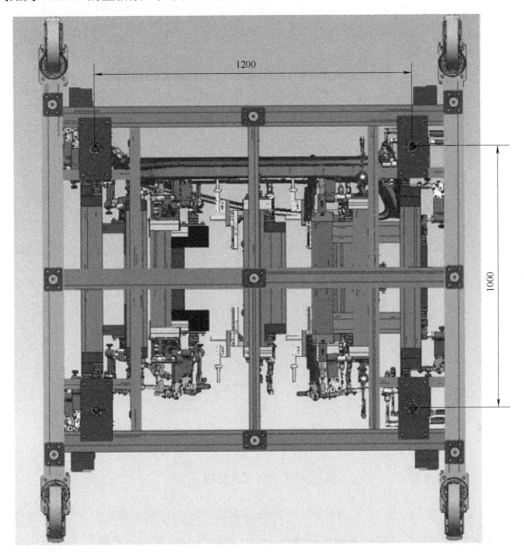

图 2.24　框架式结构支具仰视图

底座定位孔设计：定位孔用于根据支具底座坐标网格位置将其固定在三坐标测量机中，一般设计成一个圆孔和一个长圆孔（图 2.25），必须贴上明确的标识，校准测量支具时，这两个固定孔是测量的基准。

由于冲压件测量平台一般都铺设了维特的三明治板，孔径为 20mm，所以定位销的直径应设计成 20mm，为了方便取出销子，销子长度不应过长，保证插入三明治基板孔的深度 10mm 左右，如图 2.26 所示。

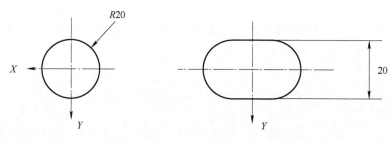

图 2.25　圆孔与长圆孔固定方向

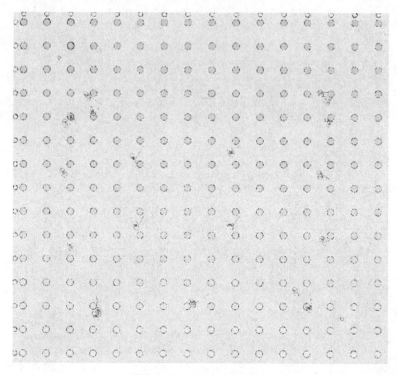

图 2.26　三明治板示意图

2）主体框架结构。框架尺寸应考虑测量机的测量范围，应保证支具放到测量平台后，测量机进行测量时不超行程，下面以门内板为例。框架结构应保证门内板装到支具上后，最低点距离测量平台大于 400mm，左右门内板最远端距离小于 2m，保证门内板在测量机的测量行程内，如图 2.27 所示。

主框架尺寸应大于加紧部位的尺寸，防止因外力碰撞导致夹紧部位的损坏。

3）测量支具的移动。对于整体框架式结构的支具，由于结构比较大，重量比较重，因此移动式需要借助天车、叉车等工具。支具还需要设计方便移动的轮子，提高支具移动时的灵活性。对于轮子的设计，应考虑以下几个方面：

① 承重应大于支具重量的 1.5 倍。

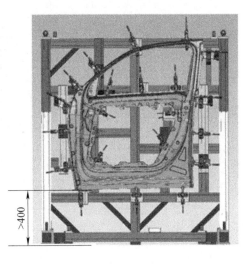
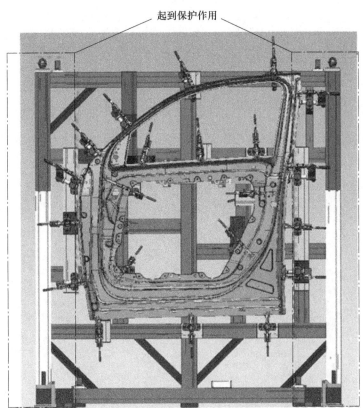

图 2.27 框架式支具的保护结构

② 方便拆卸,或者设计成翻转结构,如图 2.28 所示。

③ 四个轮子都设计成万向轮并带锁紧机构。

④ 轮子材质应选用橡胶材料。

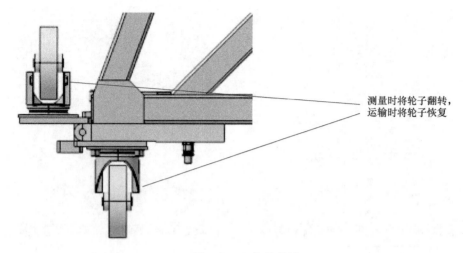

图 2.28　万向轮设计

由于涉及吊装安全，因此吊装部分设计非常重要，首先应保证吊装部分有足够的强度，其次吊环位置应保证支具能够垂直起吊。

叉车孔设计，为了方便长途转运，整体支具应设计叉车孔，方便使用叉车进行转运。

立柱及夹紧部分的设计，由于和分体式支具具有通用性，将在后续部分进行描述。

（2）分体式结构设计　分体式结构就是每个 RPS 点单独设计一个立柱进行支撑，测量时需要将所有立柱按照图纸进行组装，需要配合维特的三明治板使用，如图 2.29 所示。

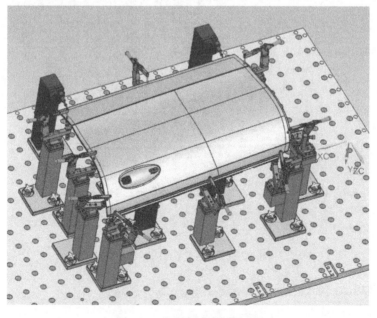

图 2.29　门外板分体式支具

分体式支具整体尺寸要求。为了保证测量支具能够在所有测量平台及测量机上使用，特别是双悬臂接触式测量机，如海克斯康 DEA 和 ZEISS 接触式测量机，支具设计的整体尺寸应满足如下要求：

零件安装到支具上后，最低点距离平台应大于 400mm，如图 2.30 所示。

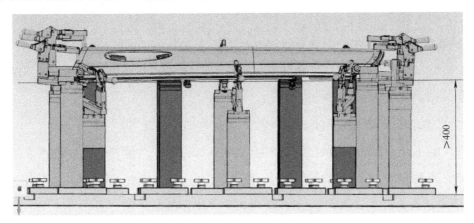

图 2.30 分体式支具高度要求

立柱应在保证强度的前提下减轻重量，减轻操作人员搬运时的劳动强度，可以考虑使用 L 形型材。

设计时应尽量减小支具的占地面积，特别是和基板连接的部分，如图 2.31 所示。

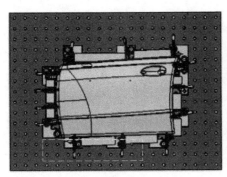 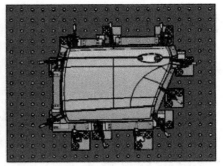

设计比较好，占地面积小　　　　　　　设计不好，下面两个支撑的
　　　　　　　　　　　　　　　　　　连接板可以向上移动一排孔

图 2.31 分体式支具设计俯视图

# 习　题

1. 冲压件支具需要满足的四大要求是什么？

答案：是零件有效的固定功能，支具夹具可以调整，零件状态能与数模状态拟合，支具不影响测量机测量。

2. 基准是什么？可以分为哪几类？

答案：基准就是用来确定生产对象上几何关系所依据的点、线或面。基准可以分为：单一基准、组合基准、基准体系。

3. 冲压件测量中，通用的建系原则是什么？

答案：3-2-1 定位原则：一个刚性件共有平动和转动 6 个自由度，只有完全限制其 6 个自由度，才能保证零件定位稳定。

4. 定位基准点的英文是什么？在后续哪些工艺环节会使用？

答案：Reference Point System（RPS）。后期装配，以及质量管理尺寸检测方面都起到了非常重要的参考作用。

5. 测量支具支撑位置设计在 RPS 点周围多少距离以内？

答案：15mm。

6. 由于测量时会对 RPS 点的偏差进行微调，因此支撑应确保有多少距离的可调范围？

答案：±5mm。

7. 目前冲压件测量支具常用结构有哪两种？

答案：整体框架式结构和分体式结构。

8. 三明治测量基板标准孔间距是多少？孔径是多少？

答案：孔间距为 100mm，孔径为 20mm。

9. 为保证正常测量，零件安装到支具上后，最低点距离平台应大于多少距离？

答案：400mm。

## 2.2 冲压件支具验收

测量支具的验收一般进行三次，分别是：支具的设计验收、支具的发货前验收和支具的终验收。

支具的设计验收是当支具供应商完成三维设计后，根据设计数据进行设计合理化验收。往往在这个阶段会进行大量的更改，以求设计符合使用要求，同时，在此阶段进行变更，设计变更成本最低。

支具的发货前验收是当支具制作完成，准备发运到模具厂使用之前，根据实物支具进行功能性以及准确性的验收，同时对于设计变更进行更新。在此阶段发现问题，可以在支具厂及时解决，变更成本比较低。

支具的终验收是当支具运抵模具厂，模具厂完成首件生产后进行的功能性和精度验收。通过支具精度检测和重复性实验，保证测量支具状态稳定，能够正常使用。

## 2.2.1 支具设计验收

供应商首先根据零件的 RPS 点（主基准点）设计支具，其中 RPS 点坐标值已经在零件数据中标注。对于 SFK 点，研发人员需要给支具厂支持，输入相关数据。供应商设计完成后，质量规划工程师和三坐标工程师共同到支具厂进行设计验收（图2.32）。

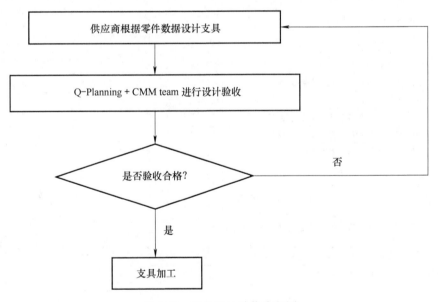

图 2.32 支具设计验收流程图

验收后需要共同签署验收会议纪要，会议纪要中需要描述需要修改的设计，及供应商修改完成的时间节点。

验收时质量规划工程师负责与供应商的协议及发运协调工作。三坐标工程师负责检查支具的设计是否符合设计要求，提出各项技术要求。三坐标工程师需要根据验收检查清单逐项检查是否有不符合项，检查清单如图 2.33 所示。

设计验收

| 零件号： | A00000000000 | | Y3-Nr.： | Y3-xxx xxx |
|---|---|---|---|---|
| 零件名称： | - | | ZGS： | |
| 组织者： | 0 | | 日期： | |
| 参与者： | - | | | |

| 序号 | 检查项 | 合格 | 不合格 | 不相关 | 备注 |
|---|---|---|---|---|---|
| 1.1 | ZGS版本是否正确 | ☐ | ☐ | ☐ | |
| 1.2 | 支具的整体尺寸是否符合BBAC测量机量程要求 | ☐ | ☐ | ☐ | |
| 1.3 | 支具底座支撑部分设计是否符合规范要求，参考（3.1.1） | ☐ | ☐ | ☐ | |
| 1.4 | 底座定位孔，定位销设计是否符合要求，参考（3.1.1） | ☐ | ☐ | ☐ | |
| 1.5 | 支具框架对功能区域能否起到保护作用 | ☐ | ☐ | ☐ | |
| 1.6 | 对于GOM机器，参考板设计是否符合要求，参考（3.1.2） | ☐ | ☐ | ☐ | |
| 1.7 | 支具转运轮强度是否满足要求，是否设计快拆或翻转机构，参考（3.1.3） | ☐ | ☐ | ☐ | |
| 1.8 | 吊环位置设计是否合理，强度是否足够 | ☐ | ☐ | ☐ | |
| 1.9 | 是否设计叉车孔 | ☐ | ☐ | ☐ | |
| 1.10 | 零件距离地板高度是否符合规定（3.2.1） | ☐ | ☐ | ☐ | |
| 1.11 | 分体式支具是否考虑减重了 | ☐ | ☐ | ☐ | |
| 1.12 | 分体式支具占地面积是否为最小设计 | ☐ | ☐ | ☐ | |
| 1.13 | 零件定位销设计是否符合规定（3.3） | ☐ | ☐ | ☐ | |
| 1.14 | 定位销是否设计零位支撑机构 | ☐ | ☐ | ☐ | |
| 1.15 | 夹紧点位置是否符合规定（3.4.1） | ☐ | ☐ | ☐ | |
| 1.16 | 支撑结构强度是否足够 | ☐ | ☐ | ☐ | |
| 1.17 | 支撑结构是否和零件有干涉，或者距离太近 | ☐ | ☐ | ☐ | |
| 1.18 | 支撑结构是否有微调，零位，回退机构 | ☐ | ☐ | ☐ | |
| 1.19 | 夹钳距离零件距离是否符合要求 | ☐ | ☐ | ☐ | |
| 1.20 | 夹头材料是否符合要求 | ☐ | ☐ | ☐ | |
| 1.21 | 夹钳打开时是否干涉零件 | ☐ | ☐ | ☐ | |
| 1.22 | 距离比较近的支撑是否分开设计，例如门外板Z4，Z5处 | ☐ | ☐ | ☐ | |
| 1.23 | 设计3D数据，igs和3dmxl格式是否准备好，数据名称是否符合规范 | ☐ | ☐ | ☐ | |
| 1.24 | 带磁铁的支撑，弹簧强度需要加强 | ☐ | ☐ | ☐ | |
| 1.25 | 外部定位支撑应尽量靠近圆角 | ☐ | ☐ | ☐ | |

备注：

图 2.33 支具设计验收检查清单

## 2.2.2 支具设计数据管理

为了更方便地管理冲压件支具的设计数据，供应商应按照以下要求命名支架数模及图纸。

1）3D 设计数模及图纸的名称。名称中应该包括：零件号，ZGS 版本、version 号，零件名称，支具版本，时间标注，供应商公司名称。

例如：A17\*\*\*\*\*\*00_001_01001_RR DOOR OTR LH_V1_20180620_\*\*\*\*.igs。

2）3D 设计数据的格式。设计审查阶段：为了方便传输数据，可以采用 3dxml 格式，方便查看。

设计完成后：提供 igs 格式的数据给主机厂及模具厂，方便导入测量机系统。

3）3D 设计数据的特殊标注。夹紧点附件的 RPS 点名称及位置需要标注到设计数模里。

## 2.2.3 支具发货前验收

支具发货前验收是供应商完成支具加工后，将支具组装好，主机厂进行发货前的验收。验收流程如图 2.34 所示。

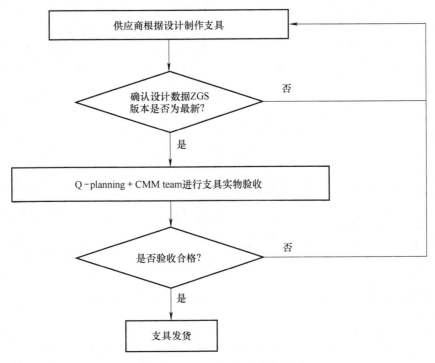

图 2.34 支具发货前验收流程图

验收后需要共同签署验收会议纪要，纪要中需要描述需要修改的地方，及供应商修改完成的时间节点。

支具的发货前验收主要检查支具功能是否正常，外观是否有缺陷等，需要参考如图 2.35 所示的支具发货前验收检查清单。

**发货验收**

| | | | |
|---|---|---|---|
| 零件号: | A00000000000 | Y3-Nr.: | Y3-xxx xxx |
| 零件名称: | - | ZGS: | xxx |
| 组织者: | - | 日期: | |
| 参与者: | - | | |

| 序号 | 检查项 | 合格 | 不合格 | 不相关 | 备注 |
|---|---|---|---|---|---|
| 1.1 | ZGS版本是否正确 | □ | □ | □ | |
| 1.2 | 支具起吊是否平衡 | □ | □ | □ | |
| 1.3 | 支具轮子功能是否正常 | □ | □ | □ | |
| 1.4 | 夹钳和支撑是否对中 | □ | □ | □ | |
| 1.5 | 夹钳夹紧力是否正常 | □ | □ | □ | |
| 1.6 | 支撑是否稳固 | □ | □ | □ | |
| 1.7 | 支撑回退功能是否正常 | □ | □ | □ | |
| 1.8 | 支撑微调机构是否工作正常 | □ | □ | □ | |
| 1.9 | 支撑零件机构是否正常 | □ | □ | □ | |
| 1.10 | 支具铭牌是否标注正确，信息是否完整 | □ | □ | □ | |
| 1.11 | 整体支具底座平面度是否符合要求 | □ | □ | □ | |
| 1.12 | 零件定位销是否配合严密，有无晃动 | □ | □ | □ | |
| 1.13 | 零件定位销零位支撑是否功能正常 | □ | □ | □ | |
| 1.14 | 支具的精度报告 | □ | □ | □ | |
| 1.15 | 选择2~3个支具重复定位精度是否正常 | □ | □ | □ | |
| 1.16 | 支具数模，图纸，操作手册是否准备好 | □ | □ | □ | |
| 1.17 | 支具零位是否用漆笔标记 | □ | □ | □ | |
| 1.18 | 滑动机构是否顺滑 | □ | □ | □ | |
| 1.19 | 滑动机构是否带有标尺，零位及微调机构 | □ | □ | □ | |
| 1.20 | | □ | □ | □ | |

备注:

图 2.35　支具发货前验收检查清单

## 2.2.4 支具终验收

支具终验收是支具发货到模具供应商后，模具供应商生产完首个零件时进行。工作流程如图 2.36 所示。

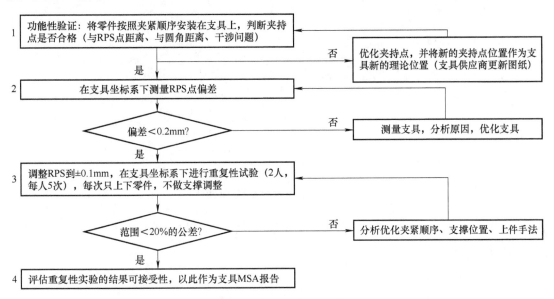

图 2.36　支具终验收流程图

1）功能性验证。使用供应商提供的首个零件，进行上件检查。该工作主要是检查支具功能是否正常，是否能够方便地将零件定位到支具上，需要检查是否有干涉，与 RPS 点距离是否小于 15mm。

如果存在干涉问题，现场能够解决的，可以对支具进行优化。如果现场解决不了，则需要支具供应商重新加工备件并寄到模具厂进行更换。检查夹紧点与 RPS 点距离，如果大于 15mm，需要确认是否 ZGS 有变更，是否为设计错误。最终保证夹紧点符合设计规范。

2）支具坐标系中测量 RPS 点偏差。将支具所有 RPS 支撑归零，在支具坐标系下测量 RPS 点，检查 RPS 点的偏差，正常情况下，支具在零位时，RPS 偏差不应超过 0.2mm，如果超过，需要对支具支撑进行三坐标复测，找到原因并进行优化。

3）夹紧顺序验证。零件上到支具上后，需要验证夹紧顺序是否合理，如有问题需要进行优化。优化完成后需要更新夹紧顺序文件，如图 2.37 所示。

验证完夹紧顺序后，需要验证一下夹紧力测量是否能够正常完成，并对模具供应商进行培训，使其能够正确地测量夹紧力。并根据实际测量情况将测量方法写到测量夹紧力文件中。

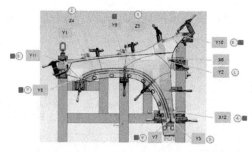

图 2.37　零件夹紧及上件方式说明

4）支具重复性分析。支具经过检查，排除功能问题，以及确定好夹紧顺序后，需要进行测量稳定性分析。

分析过程如下：

第一个员工：5 次将相同冲压件放到测量支具上，每次都以相同的夹紧顺序夹紧，运行测量程序进行测量，输出测量结果（dmo 文件）。

第二个员工：重复上述操作步骤，由全部测量点确定方差，方差最多允许为部件公差的 20%。

5）确定测量分析点。根据零件大小选择测量分析点，原则为每个方向至少选择 3 个，对于侧围等比较大的零件，需要增加测量点。图 2.38 为顶盖测点举例。

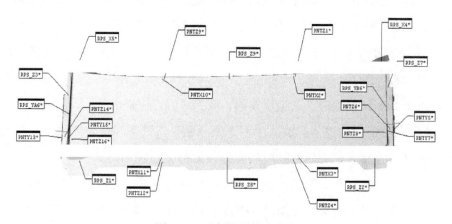

图 2.38　重复性测量点定义

将测量结果进行整理，输入到重复性分析表（图2.39）中。

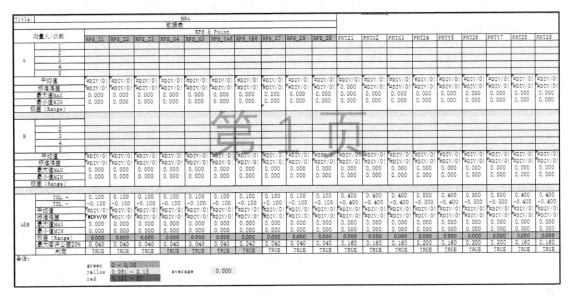

图2.39 重复性分析表

结果要求为：方差最多允许为部件公差的30%，超出的测量点表格自动以红色标出。

对于超出范围的测量点，根据实际情况分析，优化夹紧顺序，培训测量员，优化支具，保证测量的稳定性。

# 习 题

1. 测量支具的验收通常有哪几个阶段？

答案：支具的设计验收、支具的发货前验收和支具的终验收。

2. 在支具终验收中，请描述重复性实验的过程与要求。

答案：支具经过检查，排除功能问题，以及确定好夹紧顺序后，需要进行测量稳定性分析。

分析过程如下：

第一个员工：5次将相同冲压件放到测量支具上，每次都以相同的夹紧顺序夹紧，运行测量程序进行测量，输出测量结果（dmo文件）。

第二个员工：重复上述操作步骤，由全部测点确定方差，方差最多允许为部件公差的20%。

3. 每次验收结束，需要与相关方签署什么文件？包含什么内容？

答案：验收后需要共同签署验收会议纪要，纪要中需要描述需要修改的地方，以及供应商修改完成时间节点。

4. 三次验收的地点分别是哪里？

答案：支具的设计验收在支具供应商处，支具的发货前验收在支具供应商处，支具的终验收在模具供应商处。

## 2.3 冲压件支具的维护

为了保证各测量支具的正常使用，使支具处于最佳状态，确保产品尺寸测量的精度，支具需要定期进行维护。维护分为日常保养和周期性保养，日常保养是指支具正常使用的保养，周期保养是指支具使用一定时间后，定期对支具进行的保养。

日常保养：每次使用支具时清理支具，检查支具标识，夹钳功能，夹头状态，定位销功能是否正常，如图 2.40 所示。

| 序号 | 保养内容 | 保养方法 | 责任人 |
| --- | --- | --- | --- |
| 1 | 对测量支具表面、定位面、基准孔上的灰尘、污垢、喷粉等进行清洁 | 1. 目视整个支具<br>2. 带手套并用纱布将支具清理干净 | 测量员 |
| 2 | 对支具标识、夹钳功能、夹头状态、定位销功能进行检查 | 1. 检查支具标识是否齐全、清晰、准确<br>2. 检查夹钳功能是否正常，夹紧力是否正常<br>3. 检查夹头是否松动、脱落<br>4. 检查定位销是否变形、损坏，插入支具后是否晃动或者过紧 | 测量员 |

图 2.40 支具日常保养清单

周期性保养（图 2.41）：检查支具是否有磨损、损坏，螺纹是否滑丝、松动；给滑动翻转机构的连接机构、开合机构等加润滑油；给支具定位孔、定位柱、定位槽、定位销等加防锈油；定期标定支具的零位。

# 第 2 章 冲压件支具设计与使用

| 序号 | 保养内容 | 保养方法 | 责任人 |
|---|---|---|---|
| 1 | 检查支具的RPS点、功能面等是否有磨损、损坏 | 1. 目视支具，检查支具RPS点是否有磨损、损坏<br>2. 目视检查支具功能面，检测面，是否磨损、损坏<br>3. 对不合格项上报工程师 | 测量员 |
| 2 | 检查支具的螺纹是否滑丝、松动 | 1. 检查螺纹是否滑丝、松动<br>2. 对不合格项上报工程师 | 测量员 |
| 3 | 对支具加润滑油 | 给支具的滑动、翻转机构加润滑油 | 测量员 |
| 4 | 对支具加防锈油 | 给支具定位孔、定位柱、定位槽、定位销等加防锈油 | 测量员 |
| 5 | 定期标定支具零位 | 1. 工程师制定标定支具计划<br>2. 按计划标定支具零位，如果超差需要进行调整 | 工程师<br>测量员 |

图 2.41 支具周期性保养清单

 习 题

1. 支具的日常保养内容包括？

答案：每次使用支具时清理支具，检查支具标识、夹钳功能、夹头状态、定位销功能是否正常。

2. 支具周期性保养的内容包括？

答案：检查支具是否有磨损、损坏，螺纹是否滑丝、松动；给滑动翻转机构的连接机构、开合机构等加润滑油；给支具定位孔、定位柱、定位槽、定位销等加防锈油；定期标定支具的零位。

# 第 3 章 冲压件考核测量

冲压件单件考核测量是为了持续监控系列化生产期间的零件质量状态。在项目开发阶段结束后，模具与零件状态应保持稳定、合格。由于意外情况导致的模具损坏或压机故障导致的压合不到位等情况，将会影响零件尺寸质量。通过定批次、定量、定期地考核测量监控，可以对尺寸质量问题做出及时的预警，若发现批量重大质量问题，则可以及时停机修复，防止损失扩大。但是，监控也是需要成本的，监控的数量越大，花费的成本越高。因此质量监控的边际成本也应该是测量规划工程师需要考虑的重要问题。

需要强调的是，考核测量只发生在系列化生产期间，因为相对全尺寸分析测量，其测量点要减少 70%。测量点都设置在重要功能区域。对于项目开发期的模具优化帮助有限，但其具有程序简单、报告简洁、效率高、便于监控等优点。

全尺寸分析测量则发生在项目开发期间，以及重点问题解决时。其测量点密集，功能区域平均 50~100mm 分布一个测量点，能清晰地帮助进行模具优化和零件问题分析。

我们将监控用的测量报告称为"考核报告"（图 3.1），将问题分析用的测量报告称为"全尺寸报告"（图 3.2）和"局部分析报告"（图 3.3）。

从图 3.1~图 3.3 中可以看出，"全尺寸报告"包含更多的测量点，覆盖所有的功能尺寸区域，能清晰地显示出零件的尺寸状态。"考核报告"包含相对较少的测量点，但是也涵盖所有的测量元素（面点、边缘点、孔），主要起到监控作用，测量时间相对于"全尺寸报告"要节约 40%~60%，有利于提高序列化监控效率。"局部分析报告"则是根据客户部分提出的特殊要求，进行的局部特殊测量，用于分析质量问题。各司其职，对症下药，才能做到事半功倍的效果，这也是未来精细化管理的重点要求之一。

# 第 3 章 冲压件考核测量

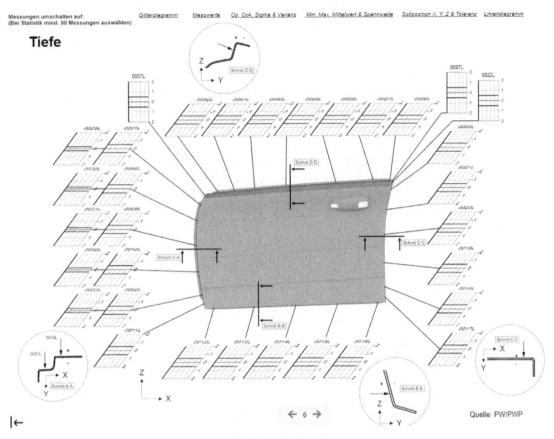

图 3.1 考核报告

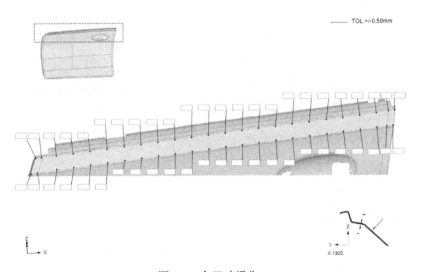

图 3.2 全尺寸报告

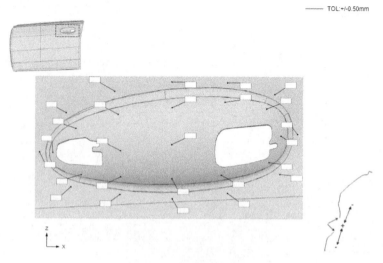

图 3.3　局部分析报告

## 3.1　送检频次规划

考核测量的送检频次需要兼顾监控作用和测量成本。

监控作用要求对于批量尺寸问题需要进行及时的预警,问题发现得越早,则预警作用越好。冲压件的生产一般是批量的,因此问题的发生也是批量发生的,若未及时发现质量问题,将会导致多批零件报废,造成重大经济损失和资源浪费。所以,测量数量与监控作用是正相关关系,即测量数量越多,监控作用越好。

测量成本包含时间成本、人力成本、物料成本。测量的数量越大,花费的测量时间也越多,所需要的设备、人员、物资消耗也越多。所以,测量数量与监控成本也是正相关关系,即测量数量越大,监控成本越高。

在规划送检频次时需要在满足监控作用的前提下,尽量降低测量成本,从而得到最优的送检频次。

### 3.1.1　监控作用与测量成本

监控作用分为同批次监控与批次间监控。

一般情况下,同一批次生产的冲压件之间差异很小,但不排除由于机器故障,导致机器压合力变化，从而导致零件生产在同批次前、中、后三个阶段产生差异。所以一般要求在同一生产批次中挑选前、中、后各一件送至三坐标进行测量。根据经验平均每增加生产数量 1000 件，则增加零件送检数量 1 件。一批次产量增加，送检零件数量应相应增加。这种送检方式解决了同批次监控的问题。

批次间的监控需要考虑的因素就更多了，首先需要考虑的就是测量机的产能问题。巧妇难为无米之炊，测量机产能不够，则无法进行每批次监控。而增加测量机的同时需要增加人员、场地、能耗等配置，形成了巨大的测量成本。所以最低的测量频次需要根据冲压设备的状态来设定。如果冲压设备较新，性能稳定，则可以适当延长送检间隔。

根据实际情况，当赋予各项成本一个权重后，可以绘制出监控作用与时间成本曲线图（图 3.4），横轴为测量数量，两条曲线交叉点对应测量数量为最优解。

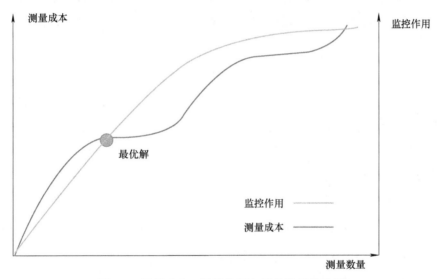

图 3.4 测量成本、监控作用与测量数量关系图

## 3.1.2 送检频次

建议送检频次为每批次送检 3 件零件，关键零件（例如外覆盖件）每 3 批次（或每月）送检一次，非关键零件每 6 批次（或每季度）送检一次。具体情况可按实际情况调整。

## 习 题

1. 考核测量的测量频次规划需要考虑哪两个方面的因素？

答案：需要兼顾监控作用和测量成本。

2. 测量成本包含哪些内容？

答案：时间成本、人力成本、物料成本。

3. 测量数量与监控成本是什么关系？

答案：正相关关系，即测量数量越高，监控成本越高。

4. 序列化测量频次规划的原则是什么？

答案：在规划送测量频次时需要在满足监控作用的前提下，尽量降低测量成本，从而得到最优的送检频次。

5. 在一批次冲压零件生产时，如何挑选送检零件？

答案：在同一生产批次中挑选前、中、后各一件送至三坐标进行测量。根据经验平均每增加生产数量 1000 件，则增加零件送检数量 1 件。一批次产量增加，送检零件数量应相应增加。

## 3.2 测量方法

### 3.2.1 零件上件方法

测量支具分为整体式支具（图 3.5）和分体式支具（图 3.6），针对不同的零件，上件手法也略有不同，上件手法将直接影响测量结果，若上件不到位，上件过程中的误差将积累到零件测量误差中，造成误判。

测量支具有很多的标准结构，例如普通夹头、加长夹头、异形夹头、仿形块、销孔、挂件销等结构。这些结构的使用是有特殊要求的。下面以门内板为例，介绍一下门内板的上件方法："一放、二挂、三退"。

1）摆放测量支具（一放）

门内板支具为整体式支具，整体式支具需摆放在平台中央，方便双悬臂测量机主辅臂能在行程内同时工作。

2）支具特殊结构使用（二挂、三退）

门内板上件之前需要将定位孔推出（定位孔为销孔，作为零件主定位点），将挂件销推出（在零件上件时，作为辅助支撑，方便零件装夹，见图 3.7），然后将零件挂在挂件销上，将定位销插入定位孔中（二挂），如图3.8所示。

图 3.5　整体式支具

图 3.6　分体式支具

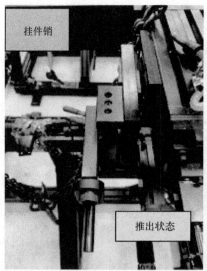
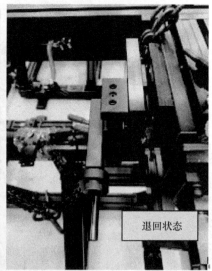

图 3.7　支具挂件销使用示意图

图 3.8　支具定位孔使用示意图

零件固定之后，按事先规定的支具夹紧顺序依次夹紧各个夹头，零件就稳定地固定在支具上了（图 3.9）。

所有夹头夹紧之后，记住：必须要退回定位孔和挂件销，否则会造成零件变形，影响测量结果的有效性（三退）。

除了前 6 个建系点，其他夹紧点需要进行夹紧力和夹紧距离的测量。

夹紧力、夹紧距离测量方法：

夹紧力：使用测力计测量，测量自由状态下，将零件压至零位所需要的力。

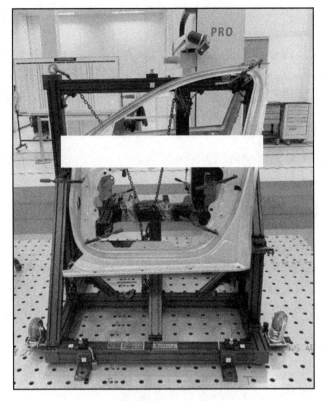

图 3.9 零件在支具上状态

夹紧距离：当测量完成上传完数据之后，将被测量点支具支撑头退回，夹头打开，重新运行建系程序步骤，当测量到对应点时，显示的偏差距离为夹紧距离。

然后将对应的夹紧力与夹紧距离填写在报告对应位置，每一批次件测量一件即可，同批次零件状态变化不大，如图 3.10 所示。

| F: | | N | D: | | mm |
|---|---|---|---|---|---|
| A2067227900_Y8L | | | | | |
| | | NM | | M3 | DV |
| | X | 1825.00 | | 1825.00 | 0.00 |
| | Y | −581.44 | | −581.47 | −0.03 |
| | Z | 1032.00 | | 1032.02 | 0.02 |
| | N | 0.00 | | 0.04 | 0.04 |

图 3.10 零件夹紧力、夹紧距离测量

### 3)测量完成

测量完成后,对报告进行检查(与上批次测量报告趋势进行对比),如果有缺点,偏差过大(大于±2mm)的情况需检查程序计算是否有问题,RPS 点主控方向不能超差,定位孔直径不能超差,其他方向不能超过 0.5mm。

如偏差通过程序优化无法解决,请检查零件在支具上状态是否正确,挂件销、定位孔是否退回,夹头是否夹紧,定位销能否顺利插入定位孔,这些问题都可能引起测量结果的误差。

若以上操作仍无法消除偏差,则基本确定此偏差来源于零件。

## 3.2.2 坐标系建立原则

在三坐标测量中,常用到的坐标系有支具坐标系、零件坐标系、车身坐标系、最佳拟合坐标系和局部坐标系。

首先,我们要清楚坐标系是如何建立的(图 3.11)。三坐标参照系是由空间三维坐标系标准正交而来(3 个矢量 $XYZ$ 两两垂直并等长)。

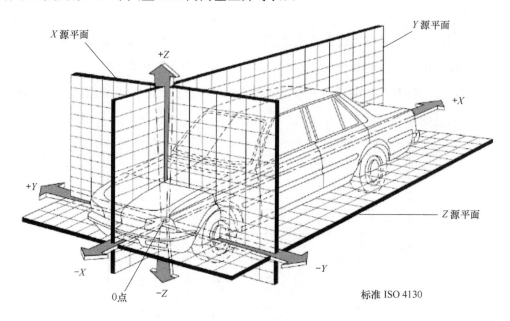

图 3.11 车身坐标系建立

我们常常使用的是 3-2-1 建系原则:

因为物体在三维空间中有 6 个自由度，所以定位物体需要限制这 6 个自由度，比如：

3 个定位点在 Z 方向，找正平面。

2 个定位点在 Y 方向，确定轴线。

1 个定位点在 X 方向，设置原点，如图 3.12 所示。

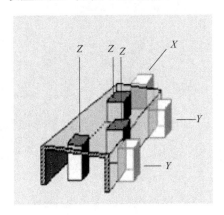

图 3.12　3-2-1 建系原则

即我们的建系点必须能够限制所有 6 个方向，标准情况下，定位点的方向满足 3-2-1 原则。

在整车系中，建系点又被称为 RPS 点（Reference Point System）。

RPS 系统就是规定一些从开发到制造、检测直至批量装配各环节所有涉及的人员共同遵循的定位点及其公差要求。

RPS 基准点系统以汽车车身坐标系为唯一坐标系，所有零部件的理论坐标数据都以汽车车身坐标表达。采用 RPS 基准点系统，可使零件设计基准点、工艺夹紧点、工艺定位点、测量基准点统一，实现精确的坐标控制，提高了零部件的制造精度，减少了零部件因基准不协调而产生的偏差，汽车的装配精度也得以提高，汽车生产过程的质量稳定性就有了可靠保证（图 3.13）。

在 RPS 基准点系统方法中，同一定位方向的三个 RPS 点并不是用于直接建立第一基准轴，而是通过一种复杂的数学方法，由软件自动计算出一个特定的平面，再用该特定平面建立第一基准轴（实际上该特定平面是汽车车身坐标系 XY、XZ、YZ 中的一个），该特定平面到这三个 RPS 点有三个不同的偏置距离，如果这三个 RPS 点是确定 Z 轴的，则这三个偏置距离为三个 RPS 点的 Z 坐标值。依次类推，如果这三个 RPS 点是确定 X 轴的，则这三个偏置距离为三个点的 X 坐标值。

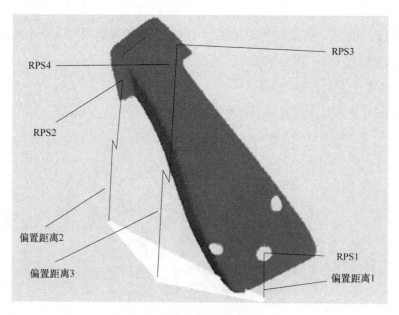

图 3.13 坐标系与零件拟合方法

当我们使用 RPS 建立坐标系时,如果 RPS 点不是定位孔时,由于工件尺寸误差,或者工件变形,或者打点不准确等原因使得实测点与理论点不重合或偏差较大,此时得到的 RPS 坐标系并不准确,需要迭代循环运行,逐次逼近理论坐标系,直到精度满足要求为止(图 3.14)。

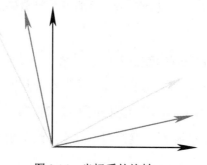

图 3.14 坐标系的旋转

支具坐标系:支具坐标系是指使用测量支具上的标准球或标准孔作为建系点(通常使用三个标准球或标准孔建系)。这样建立起的坐标系能够告知测量机支具的准确位置。当零件装夹在支具上后,零件和支具有稳定的相对关系,测量机则可以识别出零件的大致位置。但是这个位置可能受装夹误差影响,因此在测量之前,还需要建立零件坐标系。同理,零件坐标系(也可称为车身坐标系)通过测量设定好的 RPS 点,建立一个坐标系。然后,所有尺寸的评价都将在这个坐标系下评价。

局部坐标系是在零件的局部选择特定特征，进行坐标系建立，这样可以准确地显示局部区域的尺寸状态。这种方法一般用于零件局部关键区域匹配问题的分析（例如，侧围尾灯区域）。

最佳拟合坐标系是计算机通过测量数据与零件数模对比，匹配最多元素所得到的一个坐标系，这种方式一般用于反映零件的整体趋势，分析零件的扭转与回弹问题，常在项目开发阶段使用。

### 3.2.3 测量路径规划原则

目前常用的悬臂机上配备了两种测头来实现测量，一种是传统的接触式探针测量（图 3.15），一种是第二代的鹰眼激光扫描测头，激光扫描测头在不损失精度的前提下大大提高了测量的效率（图 3.16）。

图 3.15 接触式探针测量

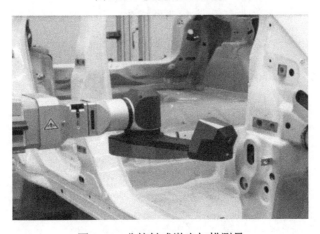

图 3.16 非接触式激光扫描测量

测量路径的规划需要遵循以下几个原则：

1）安全性原则：首先要防止测量机与零件、支具的碰撞，保证人身与财产安全。

2）可复现性原则：保证测量程序有固定基准，可重复测量使用。

3）最短路径原则：测量机在两点移动过程中应使用最短路径，保证高效测量。

4）顺序测量原则：在规划测量顺序时，需要按空间顺序测量，跳跃式测量会严重影响测量效率。

5）分类规划原则：将不同功能区域分开编辑测量路径，有助于提供程序稳定性（例如：将面点、边缘点、孔分开编辑路径）。

测量路径的合理规划，可以大大提高测量效率，缩短测量时间。同时，还能降低程序故障后的重复工作量。

## 习 题

1. 如果零件上件手法不正确，会造成什么后果？

答案：首先有造成零件变形风险。其次，上件不到位，误差将积累到零件偏差中，造成误判。

2. 进行夹紧力夹紧距离测量时，是否需要测量所有的夹紧点？为什么？

答案：不需要，因为为了确保零件在一个稳定状态，前 6 个 RPS 建系点不需要测量夹紧力和夹紧距离。

3. 在三坐标测量中，常用到的坐标系有哪些？

答案：支具坐标系、零件坐标系、车身坐标系、最佳拟合坐标系和局部坐标系。

4. 请描述 3-2-1 建系原则的建系过程并画出示意图。

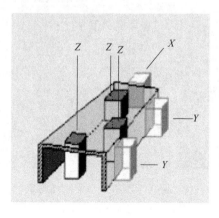

答案：因为物体在三维空间中有 6 个自由度，所以定位物体需要限制这六个自由度，比如：

3 个定位点在 Z 方向，找正平面

2 个定位点在 Y 方向，确定轴线

1 个定位点在 X 方向，设置原点

5. 支具坐标系是什么？

答案：支具坐标系是指使用测量支具上的标准球或标准孔，作为建系点（通常使用三个标准球或标准孔建系）。

6. 零件坐标系是什么？

答案：零件坐标系是采用零件 RPS 基准点建立的坐标系，是该零件在整个车身中的唯一定位依据，在后续装焊、装配工序中统一使用。

7. 测量路径的规划需要遵循哪些原则？

答案：

1）安全性原则：首先要防止测量机与零件、支具的碰撞，保证人身与财产安全。

2）可复现性原则：保证测量程序有固定基准，可重复测量使用。

3）最短路径原则：测量机在两点移动过程中应使用最短路径，保证高效测量。

4）顺序测量原则：在规划测量顺序时，需要按空间顺序测量，跳跃式测量会严重影响测量效率。

5）分类规划原则：将不同功能区域分开编辑测量路径，有助于提供程序稳定性（例如：将面点、边缘点、孔分开编辑路径）。

## 3.3　冲压件质量监控

冲压件的众多测量点中有一些关键测量点，这些关键点可以直接影响后续装焊件的尺寸，它们按照在功能大概可以分为 5 类：间隙相关、平顺相关、内间隙相关、切边线、定位安装孔。通过着重关注这类测量点的尺寸偏差和稳定性，即可以保障日常的监控和质量要求。

零件项目开发结束，开始序列化生产之后，除了零件尺寸的绝对偏差之外，零部件的稳定性更为重要，通常情况下，用 $C_p$、$C_{pk}$ 来衡量零件稳定性。

$$C_{pk}=\mathrm{MIN}(T_u-\mu,\ \mu-T_l)/(3\sigma)$$

$$C_p= T_u-T_l/(6\sigma)$$

但是上述方法也存在着一定的劣势：

1）对样本的数量要求较高，前期需要积累一定量的样本数量。

2）对单次测量的偏差不敏感，无法高效地对本次考核做出评价。

3）$C_{pk}$ 的评价基于公差，对长期稳定超差的区域无法衡量。

4）$C_p$ 可以用来评价稳定超差的情况，但是又不考虑公差，无法准确判断是否对后续装焊产生影响。

冲压件监控报告如图 3.17 所示。序列化生产中经常会出现某区域的尺寸超差，但是偏差很稳定，长期波动量在 0.25mm 以内的情况，根据其后果，大致可分为以下几类：

1）对应的车身装焊件尺寸完全合格。

2）车身装焊件对应区域超差，但是方向相反，也就是冲压件的偏差对后续工艺是有利的。

3）对后续环节有不利影响，但受限于冲压成本和工艺原因，无法更改。后续环节能够使用长期措施避免质量问题发生。

4）对后续环节有不利影响，冲压件优化成本较高，后续环节暂时可以保证质量，但工艺水平有限，已达临界状态，再差会有出现质量问题的风险。

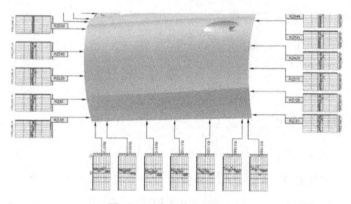

图 3.17　冲压件监控报告

针对以上问题。第 1、2、3 种情况，冲压件不需要做出反应。对于第 4 种情况，需要用一种敏感的指标来衡量其状态，显然 $C_p$ 和 $C_{pk}$ 都无法满足现阶段的要求。因此，发展出使用控制线和控制区间来代替作为临时公差的方式，来监控冲压件的稳定性并衡量其状态。具体步骤如下：

1）与冲压工厂、装焊工厂一同在上述四类稳定超差点中筛选出第二类和第四类问题点。

2）针对每一个关键点，确认后续工艺所能允许的偏差量，作为新的控制线。

3）取最近半年的测量值，求出平均值。

4）以平均值为中值，计算关键点的控制区间。

针对每个零件的测量结果，基于新的控制区间计算测量点落在区间外的比例公式如下：

$$Q_z=1+10n/A$$

式中，$n$ 为落在控制区间范围外的测量点的数量；$A$ 为所有关键测量点。参考白车身序列化之后的标准：

$Q_z>2.1$，代表冲压件质量风险高，需要立刻做出响应。

$1.9<Q_z\leq2.1$，代表冲压件尺寸有波动，需要评估风险。

$Q_z\leq1.9$，代表冲压件状态良好，不需要做动作。

基于以上方法，可形成一种准确、敏感、充分考虑生产实际情况的监控方法，这种控制线的方法更加灵活。

当缺陷发生时，需要明确反应方式和责任部门，建立和实施反应流程，确保冲压件的考核能够按照计划的方式进行下去。

反应计划需要以问题解决的几个步骤为逻辑线，明确每一个步骤的行动和责任（图3.18）。

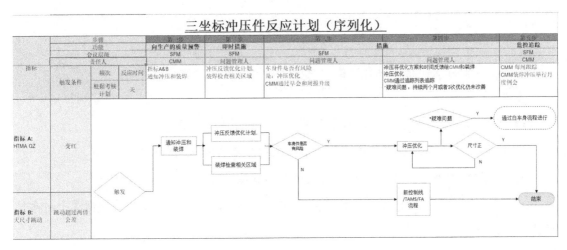

图3.18　冲压件反应流程图

1）问题发现

此步骤明确了该反应计划的触发条件，明确了问题触发两种情况。一种是以 $Q_z$ 值超过 2.1 为信号，一种是以红绿灯显示红灯且超过两倍公差为信号。

2）反馈预警

此步骤为触发反馈信号的第一步，向冲压工厂以及冲压工厂的客户——装焊工厂发出通知，告知缺陷区域。

3）即时措施

当冲压工厂和装焊工厂收到通知之后，立刻启动即时措施：冲压工厂进行技术分析反馈下一步计划；装焊工厂检查车身零件，确认是否有风险。与此同时，质量部门内部的尺寸控制组会在每日的早会升级此问题。

4）分析与长期措施

当确认无风险，则优化控制线。若经过分析，冲压或装焊工厂发现有风险，则冲压工厂需要向质量部门和装焊工厂反馈优化方案。与此同时，此问题加入尺寸控制问题追踪列表，定期回顾和追踪。

5）追踪监控

在冲压反馈整改方案之后，对此件进行持续的监控，若连续三次优化或持续两个月均未改善，则会将此议题上升到部门总经理级别的每周质量例会，进行升级处理。

通过以上流程，以问题解决为导向，将问题层层剖析，逐渐升级。达到对冲压件尺寸考核评价的全面控制。避免后续环节质量问题的发生。

习 题

1. $C_p$、$C_{pk}$ 方法的局限性有哪些？

答：

1）对样本的数量要求较高，前期需要积累一定量的样本数量。

2）对单次测量的偏差不敏感，无法高效地对本次考核做出评价。

3）$C_{pk}$ 的评价基于公差，对长期稳定超差的区域无法衡量。

4）$C_p$ 可以用来评价稳定超差的情况，但是又不考虑公差，无法准确判断是否对后续装焊产生影响。

2. 使用控制线和控制区间来代替作为临时公差的方式,来监控冲压件的稳定性并衡量其状态。请描述具体步骤。

答案:

1)与冲压工厂、装焊工厂一同在上述四类稳定超差点中筛选出第二类和第四类问题点。

2)针对每一个关键点,确认后续工艺所能允许的偏差量,作为新的控制线。

3)取最近半年的测量值,求出平均值。

4)以平均值为中值,计算关键点的控制区间。

3. $Q_z$ 分值的计算公式是什么?各字母分别代表什么含义?

答案:

$$Q_z = 1 + 10n/A$$

式中,$n$ 为落在控制区间范围外的测量点的数量;$A$ 为所有关键测量点。参考白车身序列化之后的标准:

$Q_z > 2.1$,代表冲压件质量风险高,需要立刻做出响应。

$1.9 < Q_z \leq 2.1$,代表冲压件尺寸有波动,需要评估风险。

$Q_z \leq 1.9$,代表冲压件状态良好,不需要做动作。

# 第 4 章
# 冲压件特殊测量案例分析

## 4.1 扭转与回弹测量问题解决

乘用车冲压单件尺寸检查时，常用到三坐标设备及测量支具。因为车身外覆盖件直接对车身外观有重要影响，所以对车身外覆盖件的型面尺寸有很高的精度要求。外覆盖单件具有材料薄、无加强支撑件等特点，所以在使用三坐标测量时，零件自身重力、零件回弹以及支具支撑和夹紧方式对测量结果都有非常大的影响。本章通过重复性实验、设计不同夹紧方式及顺序等方法，以行李舱内板的三坐标测量为例，给出针对不同冲压零件问题的测量解决方案。同时归纳总结了影响测量结果的主要因素，阐述了如何分析真实的零件状态，并指导进行模具优化的通用经验方法。

正常考核测量方法适用于零件状态稳定且零件变形量较小时，对冲压零件的质量进行监控及评价。但是在项目初期，全夹紧的状态下测量可能掩盖了零件本身的缺陷。例如，行李舱内板冲压件（图4.1），正常测量时，难以发现零件的回弹变形与扭转变形，无法指

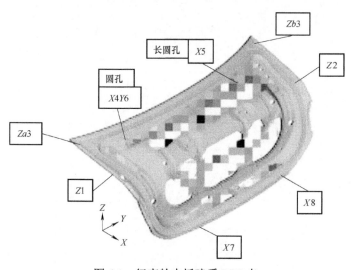

图 4.1 行李舱内板建系 RPS 点

导模具的整改。因此，需要对测量方法进行重新设计，以保证测量结果能显示零件的真实状态。

### 4.1.1 冲压件特殊分析测量介绍

与正常考核测量不同，特殊分析测量通过不同的夹紧支撑方式，还原冲压单件的真实状态，暴露模具的真实问题，从而达到指导模具整改的目的。

以行李舱内板的分析测量为例，行李舱内板由于型面复杂，横向跨度大，冲压模具调试期间，扭转与回弹问题都非常明显，这些问题会直接导致行李舱盖总成零件的变形，装车后发生其与后杠间隙不一致、与侧围平顺度超差、行李舱盖无法正常落锁等问题。

正常考核测量时，一般使用"零件坐标系"较为方便。使用 3-2-1 建系法则，$Za3$ 与 $Zb3$ 构建对称中心点 $Z3$，与 $Z1$、$Z2$ 控制 $Z$ 方向；$X4$、$X5$ 控制 $X$ 方向；$Y6$ 控制 $Y$ 方向；$X7$、$X8$ 根据零件坐标系调整支具夹头至公差内，此时，所有的 RPS 点处于卡紧状态。

如图 4.2 所示，可以看到，$X$ 轴方向回弹被 $X7$、$X8$ 与 $Z1$、$Z2$、$Za3$、$Zb3$ 定位夹头限制，零件沿 $X$ 轴方向被挤压或张开。

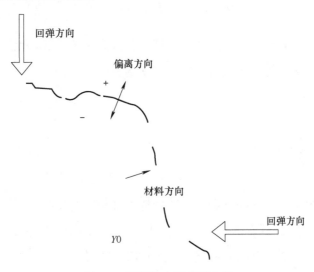

图 4.2 行李舱内板回弹方向

如图 4.3 所示，$Y$ 轴方向扭转将被 $Za3$、$Zb3$ 和 $X7$、$X8$ 夹头限制，同时由于软件通过计算，将 $Za3$ 与 $Zb3$ 平均分配公差，构建 $Z3$ 建立坐标系，进一步消除了 $Y$ 轴方向的扭转影响，这样分别通过物理方式与软件计算的方式削弱了零件扭转造成的影响。因此，当扭转过大时，需要改变测量方式，分别从物理的角度和坐标系建立方法的角度来释放扭转影响，反映零件真实状态。

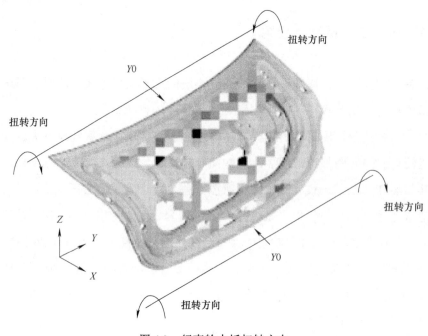

图 4.3　行李舱内板扭转方向

可以通过打开一些夹头，同时添加一些辅助支撑定位的方式，以物理的角度释放零件应力。通过改变建坐标系的方法，消除程序中平均分配公差的影响。下面将具体分析扭转与回弹问题。

## 4.1.2　扭转问题分析方案

扭转问题会影响整个零件的状态，因此分析零件扭转问题时，需要使零件保持自由状态，约束越少越好。对于行李舱内板来说，只需要三个固定点即可（如图 4.4 所示），保持现有夹紧点 $Z1$、$Z2$，增加辅助支撑夹头 $W1$ 在零件上端面中心位置，保证零件平衡、稳定。

为了验证三点支撑零件的稳定性，和 $W1$ 辅助支撑点位置对零件的影响，进行了零件的重复性实验，实验结果如图 4.5、图 4.6 所示。

# 第 4 章 冲压件特殊测量案例分析

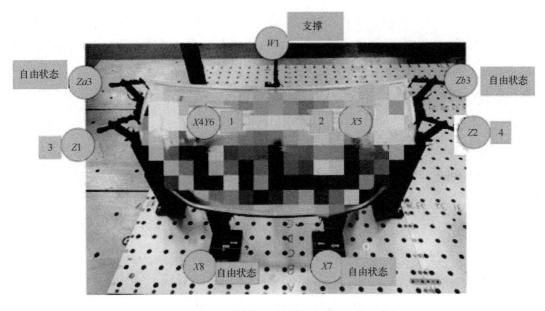

图 4.4 行李舱内板夹紧方式（一）

| | 支具状态 | 备注 | 报告命名 | 支具坐标系（3孔） | | | | |
|---|---|---|---|---|---|---|---|---|
| | | | | Za3 | Zb3 | W1 | X7 | X8 |
| 1 | Z1Z2W1 夹紧 | W1 调整到零 | _1_Fix | −0.52 | −1.93 | −0.01 | 0.35 | −0.34 |
| 2 | Z1Z2W1 夹紧 | W1 调整到合适位置使得 Za3Zb3 平均分配偏差 | _2_Fix | 0.68 | −0.69 | 1.16 | −0.56 | −0.52 |
| 3 | Z1Z2W1 夹紧 | W1 调整到较高位置 | _3_Fix | 2.08 | 0.71 | 2.40 | −1.43 | −1.71 |
| 4 | Z1Z2W1 夹紧 | W1 调整到较低位置 | _4_Fix | −2.34 | −4.14 | −2.30 | 2.46 | 2.22 |
| 5 | Z1Z2Za3Zb3 夹紧 W1 打开 | N/A | _5_Fix | 0.00 | 0.00 | 1.40 | −0.66 | −0.55 |

图 4.5 "支具坐标系"三点支撑重复性实验结果

| | 支具状态 | 备注 | 报告命名 | 零件坐标系（Z1Z2Za3Zb3） | | | | |
|---|---|---|---|---|---|---|---|---|
| | | | | Za3 | Zb3 | W1 | X7 | X8 |
| 1 | Z1Z2W1 夹紧 | W1 调整到零 | _1_Part | 0.70 | −0.70 | 1.07 | −0.58 | −0.55 |
| 2 | Z1Z2W1 夹紧 | W1 调整到合适位置使得 Za3Zb3 平均分配偏差 | _2_Part | 0.69 | 0.69 | 1.16 | −0.58 | −0.55 |
| 3 | Z1Z2W1 夹紧 | W1 调整到较高位置 | _3_Part | 0.70 | 0.70 | 1.19 | −0.57 | −0.55 |
| 4 | Z1Z2W1 夹紧 | W1 调整到较低位置 | _4_Part | 0.91 | −0.91 | 0.56 | −1.03 | −2.18 |
| 5 | Z1Z2Za3Zb3 夹紧 W1 打开 | N/A | _5_Part | 0.01 | −0.01 | 1.38 | −0.65 | −0.54 |

图 4.6 "零件坐标系"三点支撑重复性实验结果

由图 4.5 和图 4.6 可见，本实验分别使用"支具坐标系"和"零件坐标系"（零件坐标系使用 $W1$ 替换 $Z3$ 建立坐标系），将 $Z1$、$Z2$、$W1$ 夹头夹紧，其他支具处于自由状态。其中将 $W1$ 处于四种位置，分别是"$W1$ 调整到零""$W1$ 调整到合适位置使得 $Za3Zb3$ 平均分配偏差""$W1$ 调整到较高位置""$W1$ 调整到较低位置"。

从实验结果可以发现，$W1$ 的位置变化在"支具坐标系"下 $X7$、$X8$ 会随着零件翻转，因此得到不同的结果。可以看到，当 $W1$ 处于"$W1$ 调整到合适位置使得 $Za3Zb3$ 平均分配偏差"位置时，$X7$、$X8$ 的结果与图 4.6 中"零件坐标系"的结果保持一致（图 4.5 中第 4 行深色区域），说明此时的零件状态与数模保持一致，无论在"支具坐标系"中还是在"零件坐标系"中测量结果保持一致，可以作为分析零件扭转问题的测量方法。当 $W1$ 处于较低位置时，由于重力影响，零件会发生变形，$X7$、$X8$ 有较大误差可以剔除（图 4.5 中第 6 行灰色区域）。

$W1$ 的位置变化在"零件坐标系"下 $X7$、$X8$ 保持稳定在 $-0.58/-0.55$ 左右（图 4.6 中第 4 行深色区域）。与图 4.5 相同，当 $W1$ 处于较低位置时，由于重力影响，零件会发生变形，$X7$、$X8$ 有较大误差可以剔除（图 4.6 中第 6 行灰色区域）。所以可以得出结论，只要 $W1$ 在零点位置附近时，认为零件状态保持稳定，可以用来评价零件的扭转状态。

所以，行李舱盖内板扭转分析测量方法为：使用 $Z1$、$Z2$ 和 $W1$ 支具支撑夹紧零件，将 $W1$ 调整到零位。使用"零件坐标系"（建系方法改为使用 $Z1$、$Z2$、$W1$、$X4Y6$、$X5$ 建系），然后对零件进行正常测量，完成测量报告，并指导模具的优化。

### 4.1.3 回弹问题分析方案

对于行李舱内板来说，回弹问题所影响的就是 V 形零件的张角大小。因此，控制住 V 形面的一个面，另一个面自由状态即可显示零件的回弹量。对于行李舱内板来说，夹紧 $Z1$、$Z2$、$Za3$、$Zb3$，放松 $X7$、$X8$，零件的后立面就能处于自由状态（图 4.7）。

一般情况下，零件的扭转问题往往伴随着回弹问题，有时扭转问题解决后会发现回弹问题也消失了，模具的整改需要同时考虑这两个问题。但是从测量的角度需要分开分析这两个问题。建议模具优化先解决扭转问题，再解决回弹问题，否则无法区分零件变形的根本原因是什么。

# 第4章 冲压件特殊测量案例分析

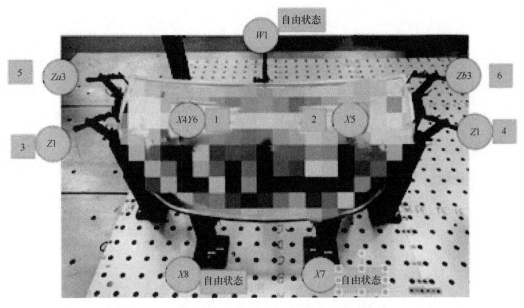

图4.7 行李舱内板夹紧方式（二）

以行李舱盖内板为例，由于后端面受重力影响，会向下坠，所以需要给 X7、X8 一个偏置公差，帮助判断是重力还是回弹导致的零件变形。若偏差在公差范围内，则认为零件状态稳定，可以使用全夹紧测量对零件进行评价，若偏差在公差范围外，则认为零件状态不稳定，零件回弹过大需要优化模具，消除回弹影响，回弹量使用打开 X7、X8 方式测量。偏置公差的计算需要根据需要设计一个初始公差，例如±0.5mm。然后将零件后端简化为一端固定的悬臂梁（图4.8），在受到重力作用后发生微小形变。可以应用材料力学积分法挠度方程：

$$EI_z\omega = \int(\int M(x)\mathrm{d}x)\mathrm{d}x + Cx + D$$

式中，$C$、$D$ 为积分常数。解得：

$$\omega = -\frac{2G\left(\dfrac{L}{2}\right)^3}{3EI}$$

则"$-\omega$"为偏置公差的中心位置，±0.5mm 为偏置公差的范围。

所以，行李舱盖内板回弹分析测量方法为：使用 Z1、Z2、Za3、Zb3 支具支撑夹紧零件，使用"零件坐标系"（建系方法改为使用 Z1、Z2、Z3、X4Y6、X5 建系，Za3、Zb3 构造中心点 Z3），然后对零件进行正常测量，完成测量报告，并指导模具的优化，当发现 X7、X8 的测量结果在偏置公差内，说明零件状态已经稳定，可以使用全夹紧方式进行考核测量。

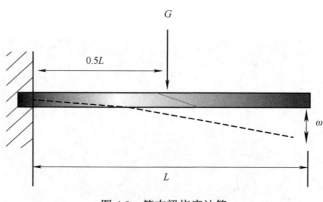

图 4.8　简支梁挠度计算

## 4.1.4　通用性总结

从冲压零件测量的通用性角度分析，对于拉延工艺比较复杂的零件，例如行李舱内板、机盖内板等，扭转与回弹问题是比较普遍的。分析该类问题可以按照扭转-回弹-型面公差的顺序进行分析和解决。

首先，让被测零件处于一个相对稳定的状态，同时减少夹紧点的数量。当零件摆放稳定后，使用 3-2-1 建系法则，建立"零件坐标系"，然后对零件进行测量。但是，当零件状态非常不好的时候，RPS 点偏差过大，会遇到坐标系无法建立的问题。此时，需要建立"支具坐标系"，并标定支具头，然后在"支具坐标系"下进行测量。测量结果可以清晰地体现零件状态，但一般用于分析零件偏差趋势，对于分析超差量，需要考虑相对关系。

然后，将零件相对稳定的特殊型面进行全夹紧控制，将需要进行回弹整模的型面进行全自由放松。使用 3-2-1 建系法则，建立"零件坐标系"，然后对零件进行测量，可以得到零件的回弹量，然后指导模具的整改。在进行回弹问题测量时，需要考虑零件受重力影响，应对特殊部位设计偏置公差，以抵消重力影响，同时，判断回弹是否可以接受。

零件的扭转与回弹是首先需要进行整改的，这样零件尺寸问题才能有效地解决。对于零件尺寸问题的分析，需要进行全夹紧状态下的考核测量方法，并通过构造对称点等方法，消除零件的细微扭转与回弹影响。零件的考核测量全尺寸报告的几何偏差即可视为绝对偏差，用来指导模具的优化。

## 4.2 光学扫描测量技术在汽车冲压覆盖件尺寸优化中的应用

随着社会的发展,汽车已成为人类社会活动中不可缺少的工具。汽车冲压覆盖件是汽车制造的一个重要生产过程,与一般的板料冲压零件相比较,汽车冲压覆盖件具有材料薄、形状多为复杂的空间曲面、结构尺寸大等特点。这对如何测量也提出了更高的要求,目前大部分主机厂使用三坐标进行测量,近几年光学测量技术的飞速发展,也为冲压覆盖件的测量提供了更多方式。

### 4.2.1 光学扫描测量原理简介

光学测量技术集合了光电、图像处理以及逻辑学等多门技术。它的基本原理遵循以下几条定理:不共线的三点确定唯一的一个平面;三个在同一轴上的投影面能描述物体的唯一一个可视角;在读取量筒或量杯时需要水平读取,不能俯视或者仰视。例如,测量机有三个镜头,拍摄零件时,相当于在不同的角度拍摄零件,根据画法几何,不共轴的三个投影表述唯一可视角,也就是根据画法几何我们可以计算出该物体的位置(图4.9)。

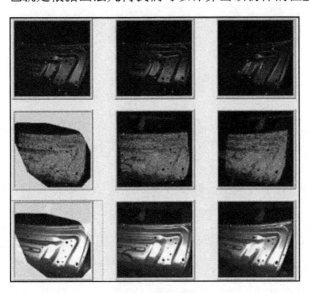

图 4.9 测量镜头成像

但是由于零件表面可辨识的特征很少或不精确,必须使用一种可辨识技术,即投影技术，将可辨识的光斑投影在物体表面（图4.10），从而得到物体表面的数据。

图 4.10 特征投影

通过粘贴的目标点，将拍摄的不同位置的点云数据进行拟合，从而得到零件的实际点云数据，再通过对比点云数据和数模理论位置，得到零件的偏差（图4.11）。

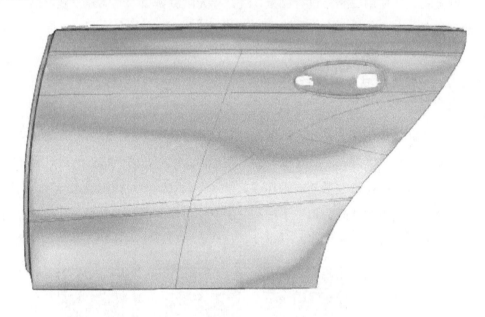

图 4.11 点云色差图

## 4.2.2 与接触式测量的对比

接触式三坐标测量是通过测头传感器及探针系统获取零件表面坐标值的设备，大量应用于汽车测量行业。光学测量相比接触式测量，有很多优势，例如：

1）很高的测量效率。每次扫描可以生成上万个测量点，生成的点云可以和数模生成色差图，更加直观地查看零件偏差。

2）宽松的测量环境要求。接触式测量机对温湿度要求较高，需要专门的恒温恒湿的测量间，而光学测量机可以在车间现场环境中应用。

3）简明的测量报告。光学扫描可以实现尺寸分析色差图的报告，实际测量结果和三维数模理论值的偏差可以以不同颜色表述，偏差结果直观易懂。

## 4.2.3 汽车冲压覆盖件特性与测量难点

汽车冲压覆盖件是指覆盖汽车发动机、底盘，构成驾驶室和车身的薄钢板冲压成型的表面零件（称外冲压覆盖件，见图 4.12）和内部冲压覆盖件（称内冲压覆盖件）。轿车常见的冲压覆盖件有挡泥板、顶盖、车门内外板、发动机内外板、行李舱盖等。

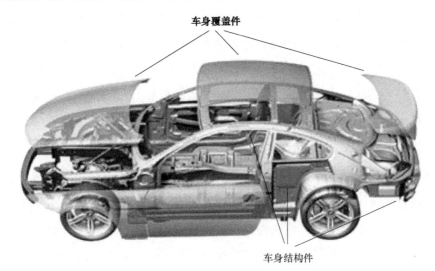

图 4.12 车身覆盖件示意图

汽车冲压覆盖件的形状复杂、尺寸大，因此不可能在一道冲压工序中直接获得，有的需要十几道工序才能获得。冲压覆盖件冲压的基本工序有落料、拉伸、修边、翻边和冲孔。落料工序是为了获得拉伸工序所需的毛坯外形。拉伸工序是冲压覆盖件冲压的关键工序，冲压覆盖件的形状大部分是在拉伸工序成型的。修边工序是为了切除拉伸件的工艺补充部分，这些工艺补充部分只是拉伸工序的需要，因此拉伸后切除。翻边工序位于修边工序之后，它使冲压覆盖件边缘的竖边成型。冲孔工序是加工冲压覆盖件上的孔洞。冲孔工序一般在拉伸工序之后，以免孔洞破坏拉伸时的均匀压力状态，避免孔洞在拉伸时变形。

汽车冲压覆盖件要求必须有很高的尺寸精度（包括轮廓尺寸、孔位尺寸、局部形状等各种尺寸等），以保证焊接或者组装时的准确性、互换性，便于实现车身焊接的自动化和无人化，也保证了车身外观形状的一致性和美观性。

由于汽车冲压覆盖件是薄壁零件，零件的刚性不强，极易发生变形，而且零件经过拉伸后存在内应力，所以零件存在回弹。这对零件的测量提出了更高的要求，不同的夹紧方式，零件的状态也会不同。因此汽车冲压覆盖件的测量不同于一般零件的测量，需要设计特殊的测量夹具进行测量。

### 4.2.4 冲压覆盖件的工序件测量

（1）冲压覆盖件工序件介绍

冲压覆盖件工艺设计即针对汽车冲压覆盖件的形状、结构特点安排成型工序步骤。每个工序步骤会生产出该阶段的工序件。冲压覆盖件一般需要4~6道工序，由落料、拉伸、修边、翻边、整形、冲孔等组成。经过多道工序生产的冲压覆盖件往往会存在各种尺寸问题，为了优化尺寸，往往需要分析工序之间的差异，需要对每一工序零件进行分析测量，进而找到问题根源。因此工序件测量对于冲压覆盖件尺寸优化非常重要。

（2）工序件的建系及测量方法

为了保证各个工序件测量结果的可对比性，需要对工序件采用相同的测量基准，使用同一坐标系进行测量。建系过程中应优先使用孔元素进行建系，这样能够保证坐标系的准确性。当然，如果由于拉伸工序件往往只有零件的大体形状，一般没有定位基准孔，因此对于拉伸工序件测量一般采用面测量点进行坐标系的建立，或者使用最佳拟合的方式建立坐标系。举例如下：

某车型尾门内板合边面尺寸需要优化，由于该零件存在扭曲，特别是零件下部回弹问题，为了分析扭曲来自哪一个工序，需要对各工序生产的零件进行扫描测量，通过对比各工序件之间的尺寸差异，明确优化方向。

首先，选择如何建立坐标系，根据该零件的形状特点、后续零件的测量要求，以及能够体现出该零件下部回弹问题，选择如下方式进行建系：在零件$Z$向上选择3个点，分别为$Z1$、$Z2$、$Z3$，其中$Z3$为$Za3$、$Zb3$的中点；通过左侧圆孔控制$X$和$Y$向，定义为$X4Y6$，通过右侧的长孔控制零件的$X$向，定义为$X5$，如图4.13所示。

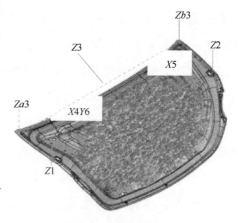

图4.13 尾门建系方法

# 第 4 章 冲压件特殊测量案例分析

其次,搭建柔性支撑对零件进行基本定位,由于需要考虑能够体现出零件 $Za3$、$Zb3$ 区域的回弹,所以支撑选择 $Z$ 向 3 个支撑,除 $Z1$、$Z2$ 外,在后侧翻边 $Z3$ 处增加一个支撑点。使用柔性支具搭建支撑,如图 4.14 所示。

图 4.14 柔性支具

(3)测量并对结果进行分析

通过光学设备进行扫描,获取零件的点云数据,并按照定义的方法进行坐标系的建立。如图 4.15 所示为各工序件的测量结果,可以对零件尺寸进行对比分析。

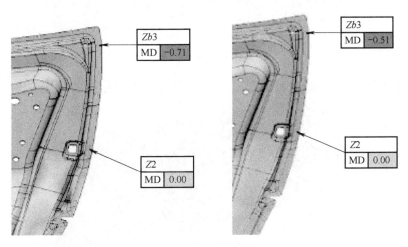

图 4.15 测量结果

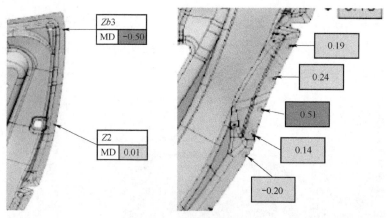

图 4.15 测量结果（续）

通过对比测量结果，可以对零件各区域进行分析，确定偏差来源的工序，明确优化方向，提高优化尺寸的效率。

将点云及数模导入 PolyWorks 分析软件，做出该区域的截面线，可以更直观地看到零件各个工序间的变化趋势，如图 4.16 所示。

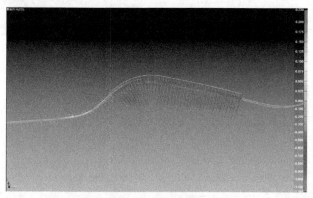

图 4.16 截面视图

对每一序零件的截面线进行偏差分析，可以直观地看出零件的变化过程（图 4.17）。

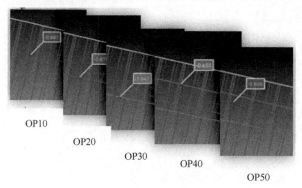

图 4.17 冲压件工序件状态变化

# 第 4 章 冲压件特殊测量案例分析

## 习 题

1. 以如图发动机舱盖外板为例，请设计正常测量夹紧顺序，验证零件状态夹紧顺序并识别零件扭转与回弹影响特殊测量方法。

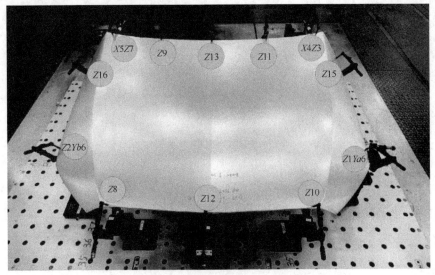

答案：

正常测量夹紧顺序如图：正常测量时，零件状态较好，主要考虑零件固定稳定性与内应力，监控零件尺寸状态。通常采用对称夹紧的方式。

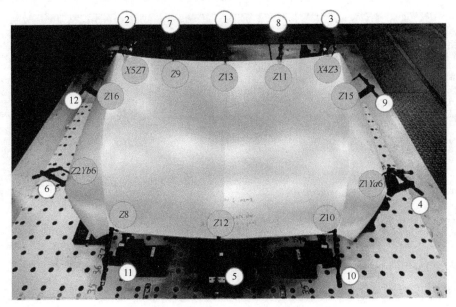

验证零件状态夹紧顺序：主要考虑零件是否有局部变形，是否有扭转与回弹问题，首先固定前 6 个 RPS 点，再依次夹紧其他夹头，若零件有严重的回弹问题，会发现零件有波浪形的起伏。

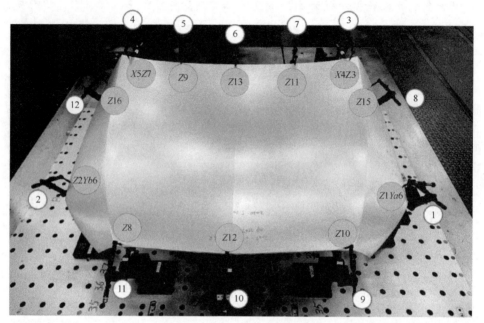

识别零件扭转与回弹影响特殊测量方法：模拟装车状态，固定铰链与锁孔四个夹紧点，其他夹具处于自由状态，对零件进行测量，能识别自由状态下零件扭转与回弹问题。

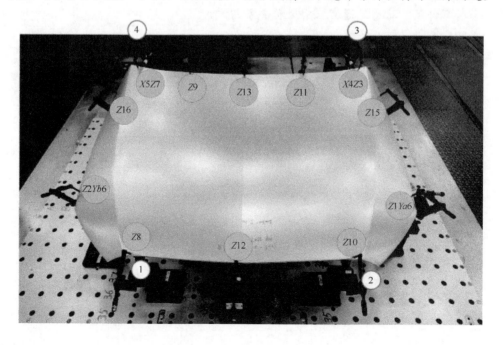

2. 冲压件成型工序有哪些？

答案：冲压覆盖件一般需要4~6道工序，由落料、拉伸、修边、翻边、整形、冲孔等组成。

3. 对于工序件的扫描，可以应用哪几种坐标系？

答案：

对于有基准特征的工序件，例如台阶、孔等特征，且能固定于支具上，可以选用零件坐标系进行3-2-1建系法建系。

对于没有基准特征的工序件，例如第一序的拉延件，可以采用最佳拟合建系法建系，用来分析零件的整体趋势。

# 第 5 章 测量分析软件的使用

## 5.1 Piweb 报告系统

在冲压件测量中，Piweb 系统是常用的数据管理软件。它分为 Piweb Reporter、Piweb Planner 和 Piweb Designer 三个部分。它们分别用于测量报告的浏览、测量数据的存储和报告模板的制作。冲压件报告分为全尺寸报告和考核报告。全尺寸报告包含的测量点更多，主要用于模具优化阶段。考核报告具有监控作用，主要用于稳定性放行和序列化生产监控阶段。下面将分别介绍全尺寸报告与考核报告的制作方法与结构。

### 5.1.1 冲压件全尺寸报告

（1）报告结构

首页 Cover Sheet → 夹紧顺序 Sequence → RPS → 面点 Surface → 边缘点 Trim → 孔 Hole → 局部坐标系 RPS 在 NETZ 系状态 Local Alignment In NETZ → 局部坐标系 Local Alignment。

（2）Piweb 功能解释

1）页面：可以浏览全部页面（图 5.1）。

常用功能：

① 更改页面名称。

② 选择"主要"更改所有页面标题栏信息。

2）工具箱：包含所有制图工具及模板（图 5.2）。

第 5 章 测量分析软件的使用

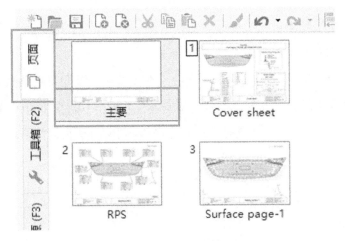

图 5.1 "页面"选项设置

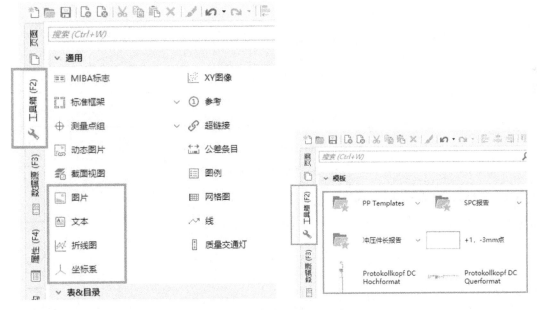

图 5.2 "工具箱"选项设置

常用功能：

① 导入图片。

② 导入截面视图。

③ 导入本地模板。

④ 导入其他统计功能或超链接功能。

3）数据源：包含所有测量点信息（图 5.3）。

① 常用功能：

a）将测量点链接到报告模板中。

b）将表头绑定到数据库。

② 技巧：将所需链接数据点拖入报告中，选择相应模板即可自动链接连线。

③ 注意：点元素需要链接到法向*.N*子目录，选中所有，点击右键选择"显示全部"，再选中其中一个子目录点击右键选择"选择全部"。则所有子目录均被选中。

图5.3 "数据源"选项设置

4）属性：编辑所有对象属性（图5.4）。

图5.4 "属性"选项设置

① 常用功能：

a) 编辑表格及图片外观、布局。

b) 编辑文本信息。

c) 设置公差信息。

② 技巧：选中测量值表格，单击属性，选择条件格式设置公差。

③ 注意：

a) 添加测量表格时注意使用正确的公差模板。

b) 字体及线宽有预设标准。

5）页面结构：显示页面上所有元素（图5.5）。

常用功能：批量选中页面中相同元素进行属性设置，例如更改线宽、公差或颜色。

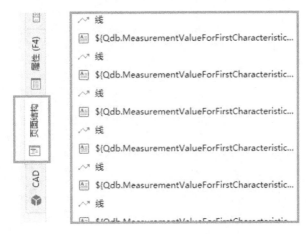

图5.5 "页面结构"选项设置

6）CAD：编辑CAD图片属性（图5.6）。

常用功能：

① 更改CAD图片颜色，如统一使用灰色。

② 加载CAD数模。

（3）报告模板解读

**注意**：编写报告模板时，请使用标准模板进行更改，以保证标准统一。

1）首页：如图5.7所示。

所需元素：

① 表头零件号、零件英文名称。

② 数模图片。

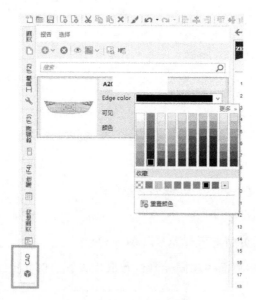

图 5.6 "CAD" 选项设置

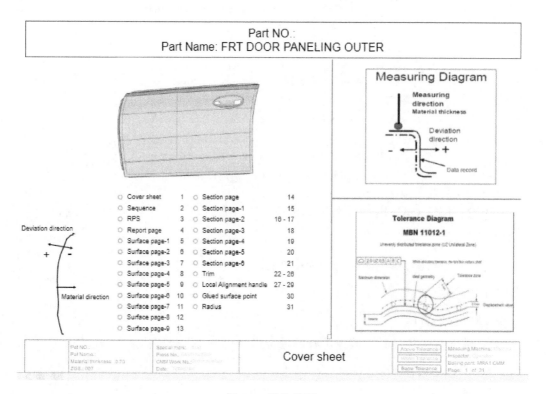

图 5.7 报告首页

③ 截面视图及测量方向示意。

④ 目录（分页）。

⑤ 测量示意图。

⑥ 公差示意图。

⑦ 页面名称 Cover sheet。

**注意**：目录需要添加红绿灯显示页面状态。

2）夹紧顺序页：如图5.8所示。

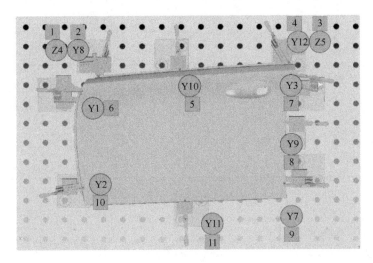

图5.8　夹紧顺序页

所需元素：

① 夹紧顺序图（可以使用截图）。

② 页面名称 Sequence。

3）RPS建系页：如图5.9所示。

所需元素：

① CAD视图。

② 建系测量点表格（包括点或者孔）。

③ 夹紧力文本框及按钮（在Piweb monitor中添加夹紧力数据）。

④ 公差信息。

⑤ 截面示意图（测量方向和坐标系）。

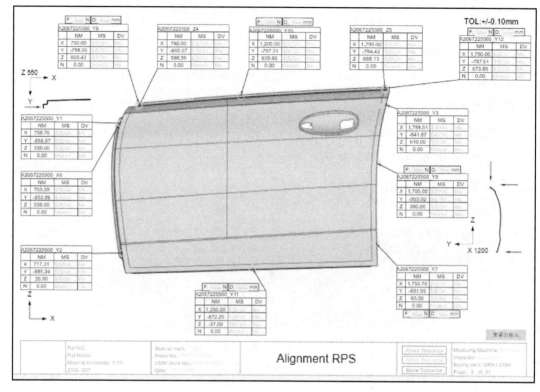

图 5.9　RPS 建系页

⑥ 页面名称 Alignment RPS。

⑦ 坐标系。

4）表面点页：如图 5.10 所示。

所需元素：

① CAD 视图。

② 测量点文本框（链接数据源中测量点，注意公差）。

③ 公差信息（特殊公差使用不同颜色及线宽）。

④ 坐标系。

⑤ 截面视图（测量方向和坐标系）。

⑥ 页面名称 Surface-1。

5）截面线点页：如图 5.11 所示。

所需元素：

① 截面线示意图页。

② 页面名称 Section。

# 第 5 章 测量分析软件的使用

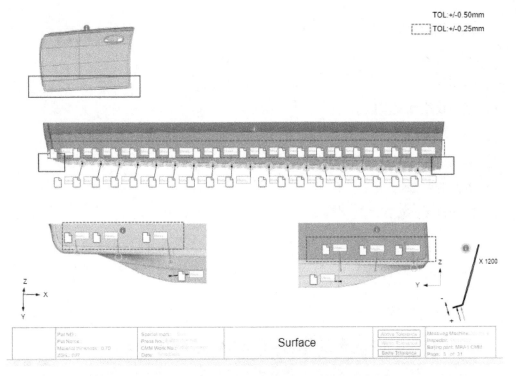

图 5.10 表面点页

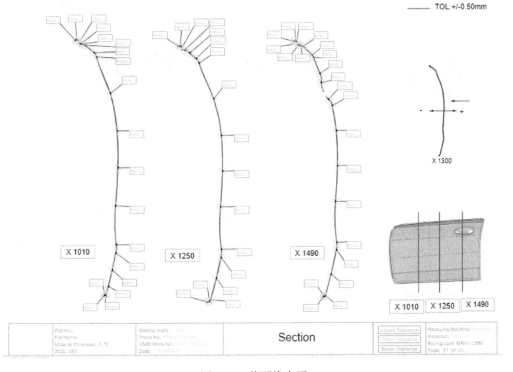

图 5.11 截面线点页

③ 截面线示意图。

④ 测量点文本框（注意公差）。

⑤ 截面线。

⑥ 截面线位置文本框。

⑦ 公差信息。

⑧ 截面视图（测量方向和坐标系）。

⑨ 页面名称 Section-2。

6）边缘点页：如图 5.12 所示。

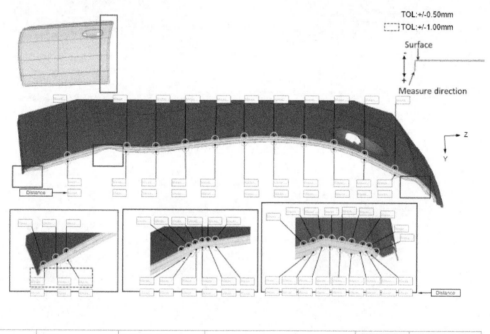

图 5.12 边缘点页

所需元素。

① CAD 视图。

② 截面示意图（测量方向和坐标系）。

③ 公差信息。

④ 测量点文本框（注意公差）。

⑤ 坐标系。

⑥ 页面名称 Trim-1。

7）孔页：如图 5.13 所示。

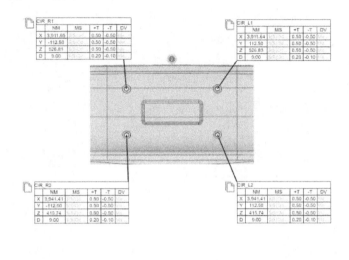

图 5.13 孔页

所需元素：

① CAD 视图。

② 孔测量点文本框（链接数据源中测量点，注意公差）。

③ 坐标系。

④ 页面名称 Hole-1。

⑤ 公差信息。

8）局部坐标系页：如图 5.14 所示。

① 所需元素：

a）局部坐标系在 NETZ 整车坐标系中 RPS 点状态。

b）页面名称 Local Alignment in NETZ。

c）CAD 视图。

d）局部坐标系标题。

e）测量点文本框（注意公差）。

f）坐标系。

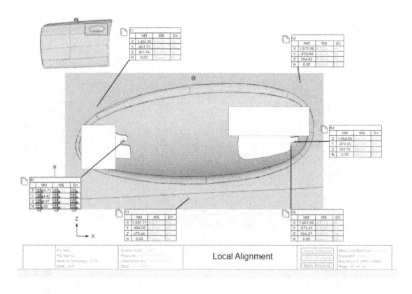

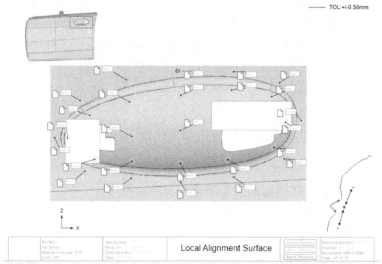

图 5.14　局部坐标系页

g）截面示意图（测量方向和坐标系）。

h）页面名称 Local Alignment-1。

i）公差信息。

② 注意：

a）在局部坐标系 RPS 页面前需附加在 NETZ 整车坐标系下状态页面。

b）局部坐标系结构与整车坐标系相同。

(4) 报告重点注意事项

1）夹紧顺序页面：检查夹紧顺序是否符合要求，如图 5.15 所示。

# 第 5 章 测量分析软件的使用

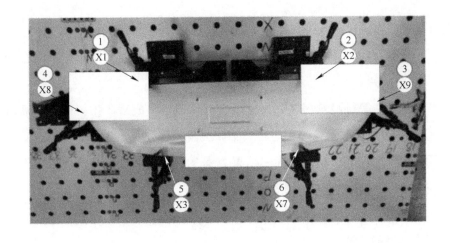

图 5.15 夹紧顺序页面

2）测量点无测量值：对于测量点无测量值的情况（图 5.16），注意检查对应点是否链接正确的数据库，是否链接在法向*.N*。检查是否在 Caligo 中有测量值，检查数据库是否正常上传。

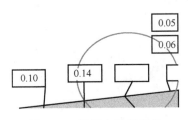

图 5.16 测量点无测量值

3）多余的标签：注意检查页面中多余的标签（图 5.17），保持页面整洁。

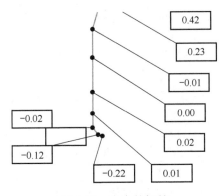

图 5.17 多余的标签

4）报告程序检查流程：报告在制作完成后会进行三轮检查工作。

① 第一轮检查，由制作人自己检查测量点链接是否正确，页面布局是否合理，是否有多余标签、多余图片。

② 第二轮检查，等待测量程序编写完成，首件报告完成后，相关人员开评审会，对报告进行检查，并对测量数值合理性进行评估，为程序优化做准备。

③ 第三轮检查，等第二轮报告优化结束，程序优化结束，完成新测量报告后，集中一批完成两轮检查的报告，相关人员进行集中评审。

### 5.1.2 冲压件考核报告

考核测量报告，其功能是对零件的重点区域进行长期监控。考核报告的测量点数远远少于全尺寸测量报告，但是包含所有的关键元素，例如边缘点、表面点、圆孔、长圆孔和方孔等。

考核报告一般在车辆正式投产后使用，此报告具有评审功能，它对每个测量元素都会赋一个权重，再根据超差情况进行打分，分数可以反映零件状态。

（1）过滤器方式设置（图 5.18）

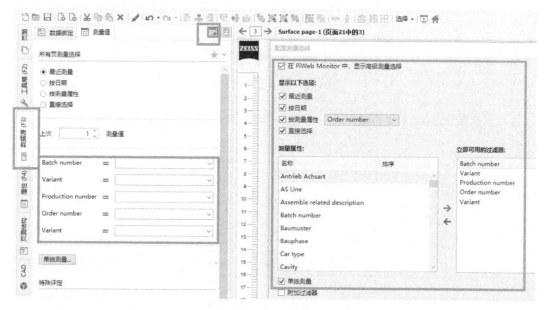

图 5.18　过滤器方式设置

过滤器包括：Batch number; Test type; Order number; Machine; Phase; Text; Production number; Start Time; End Time。

过滤器是用来检索报告使用的，报告通过不同的备注信息在数据库中进行区分，过滤器就是通过这些不同的元素分类检索报告，例如，用来考核的零件 Test type 中标注 Audit，用来调试实验的零件标注 Test，这样在检索的时候就能单独显示考核零件的信息，有助于识别零件的稳定性，排除调试实验结果的干扰。统一过滤器设置，方便用户检索信息。

（2）主页页面设置（图 5.19）

图 5.19　主页页面设置

1）所需元素：

① 报告显示模式按钮（模板）。

② 表头（模板）。

③ 报告最后修改信息（模板）。

④ 返回按钮（模板）。

2）注意：使用标准模板修改，一般情况主页页面设置不需要更改。

（3）首页（图 5.20）

所需元素：

1）标题：车型+零件名。

2）零件号+ZGS 号。

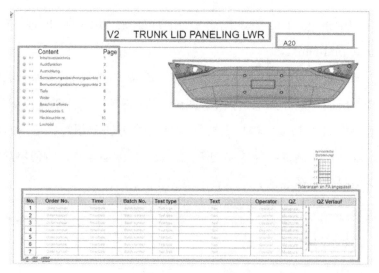

图 5.20 首页结构

3）目录。

4）Audit（模板）。

5）测量零件信息（模板）。

（4）表头模板（图 5.21）解读

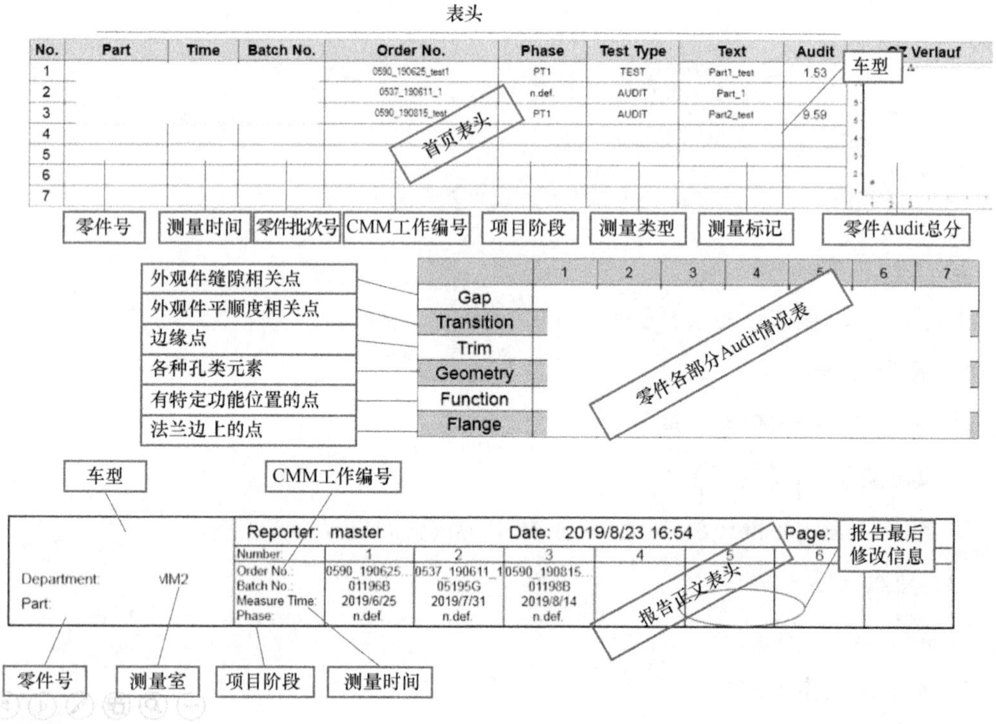

图 5.21 表头模板

1)首页表头:首页表头链接于随便一个测点即可。
2)接下来的测量程序,表头信息将在 Caligo 表头设置里直接填写并上传。
3)表头信息包含该测量零件大部分信息,用于识别。
4)零件各部分 Audit:Audit 表包含 7 次测量考核分数。
5)报告正文表头:包含测量基本信息。

(5)建系点 RPS 页(图 5.22)

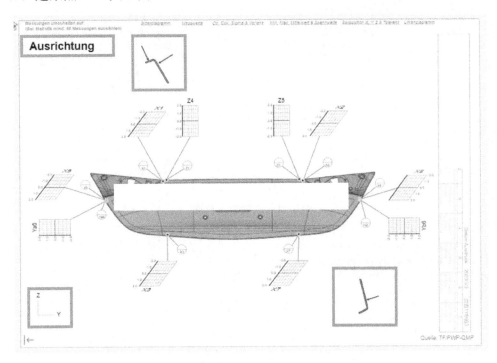

图 5.22　RPS 点页面

所需元素:

1)页面名称(字体有模板)。
2)坐标系(模板)。
3)截面视图,显示测量方向。
4)建系点网格($X/Y/Z$ 方向有模板)。

(6)报告页面(图 5.23~图 5.25)

截面视图主要提示测量点位置及方向信息,箭头指向即为测量方向。

(7)标准框架解读(图 5.26、图 5.27)

标准框架数据链接时需要 $X/Y/Z/N$ 方向。

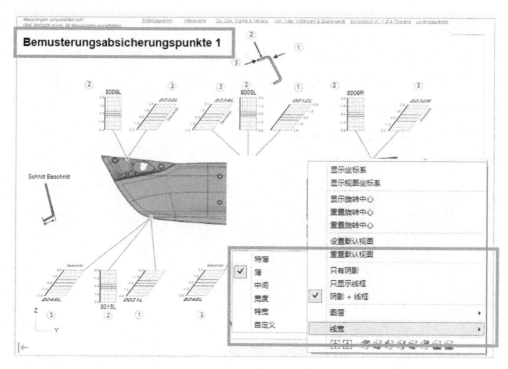

图 5.23　三维数模解读

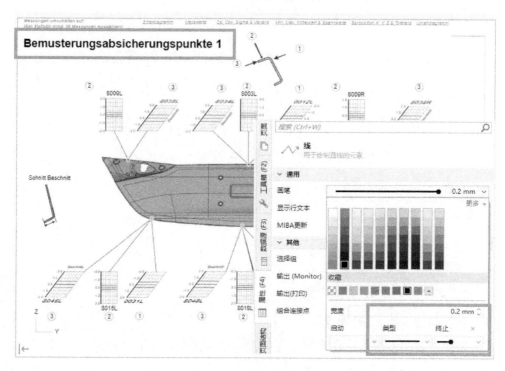

图 5.24　网格连接线解读

# 第 5 章 测量分析软件的使用

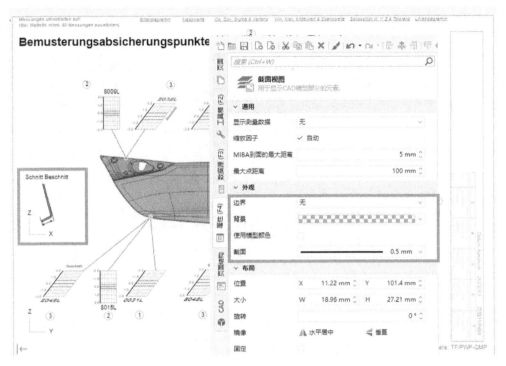

图 5.25 截面视图解读

报告页4（测量元素标准框架设置）

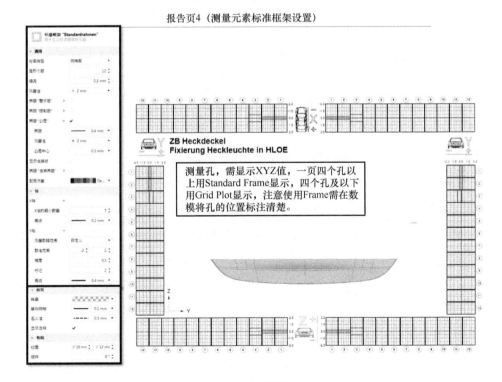

图 5.26 标准框架

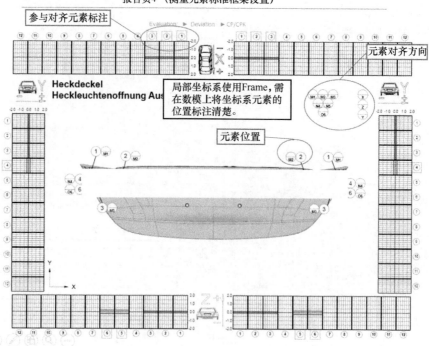

图 5.27 标准框架解读

1. 冲压件报告主要分为哪两种类型？功能分别是什么？

答案：冲压件报告分为全尺寸报告和考核报告。全尺寸报告包含的测量点更多，主要用于模具优化阶段。考核报告具有监控作用。主要用于稳定性放行和序列化生产监控阶段。

2. 冲压件全尺寸报告结构是什么？

答案：首页 Cover Sheet，夹紧顺序 Sequence，建系点 RPS，面点 Surface，边缘点 Trim，孔 Hole，局部坐标系 RPS 在 NETZ 系状态 Local Alignment In NETZ，局部坐标系 Local Alignment。

## 5.2　Caligo 测量软件

Caligo 光学扫描目前常用蔡司 EE2 测头，在新项目初期，支具终验收结束之后，就可以开始进行测量程序编写及报告模板制作等工作。总的来说，编程分为三个阶段：前期准备阶段、测量路径规划阶段、测量程序调试阶段。

1）前期准备阶段包括：①三维数模准备；②测量点准备；③报告模板制作。

2）测量路径规划阶段包括：①测量支具建立坐标系；②建立零件坐标系；③零件扫描；④测量点计算。

3）测量程序调试阶段包括：①支具摆放；②支具精度检验；③扫描路径验证及计算；④结果检查、调整和上传数据库设置。

### 5.2.1 前期准备

（1）三维数模准备

首先需要准备最新版本的支具数模与零件数模，数模格式常用 igs 或 stp 格式。终验收结束后，要求支具供应商发送最新版本支具数模。注意检查数模为正确状态，例如冲压状态还是装焊状态。

（2）测量点准备

支具终验收结束后，要求模具供应商发送全尺寸报告测量点 dmo 文件，并在 NX 软件、GOM 软件或 Caligo 软件中检查测量点设置和位置是否正确，检查测量点名称是否符合规范，并分类导出 csv 文件（冲压件测量点包括：RPS 点、Surface 点、Trim 点、Section 点、Hole 孔、Slotted hole 长圆孔）。

（3）报告模板准备

冲压件测量报告包括全尺寸报告与考核报告，制作报告时注意请使用标准报告模板，它包含相关元素的标准模板。

（4）路径规划原则

Caligo 可以使用离线编程，离线状态我们使用可视化模拟，可以在软件中看见测量设备，并设置单臂测量还是双臂测量。单双臂设置原则，单臂测量优先，并考虑平均分配单双臂零件数量。

路径规划原则：

1）由于冲压件测量点多，零件扫描表面需要全覆盖。

2）一般情况下扫描路径分为三块：表面、切边和孔。

3）扫描路径的长短依据个人编程喜好，但需要考虑测量连续性及效率。

4）路径之间需要考虑起始点与终止点在安全位置。

## 5.2.2 导入数模和测量点

(1) 数模导入 (图 5.28 和图 5.29)

新建 Caligo 程序,在文件夹中选择所需的零件数模和支具数模(格式一般为 igs. 或 stp.)。

图 5.28  导入 3D 数模

图 5.29  数模管理

(2) 测量点导入（图 5.30）

图 5.30　导入 dmo 数据文件

注意文件格式后缀为"dmo"或"csv"，用于测量点数据导入。

(3) 摆放零件位置

如图 5.31 和图 5.32 所示。

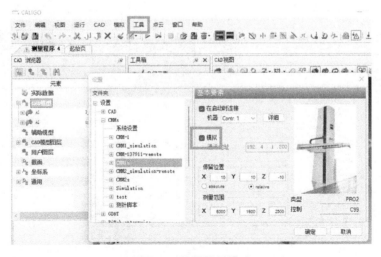

图 5.31　设置模拟模式

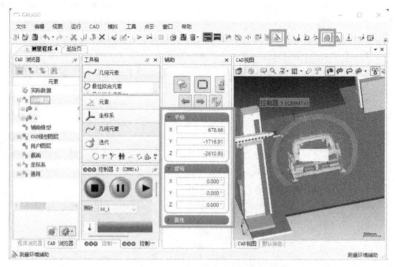

图 5.32 摆放零件位置

### 5.2.3 建立坐标系

坐标系分为初定位坐标系和零件坐标系，建初定位坐标系（又名支具坐标系）就是将机器坐标系和支具拟合，让机器能够定位到支具位置。此步骤须手动建系。零件坐标系为更精确的零件位置，通过机器计算迭代 RPS 点得到。

（1）建立初定位坐标系

初定位坐标系建立过程如图 5.33~图 5.37 所示。

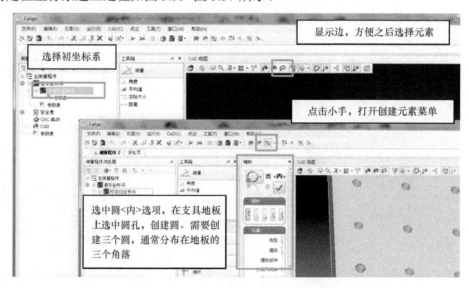

图 5.33 建立初定位坐标系（一）

# 第 5 章 测量分析软件的使用

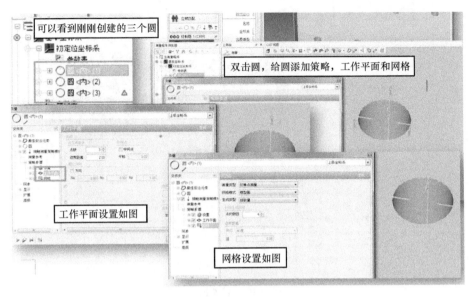

图 5.34　建立初定位坐标系（二）

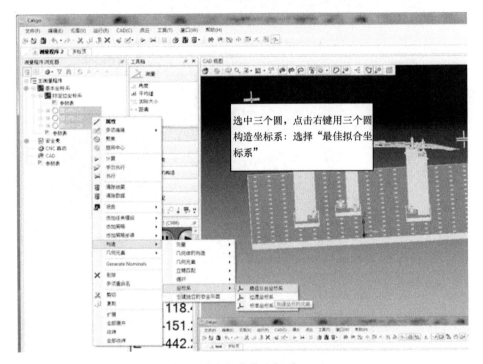

图 5.35　建立初定位坐标系（三）

（2）建立零件坐标系

如图 5.38~图 5.59 所示，首先将 RPS 点导入软件内，并将它们放入同一个"循环模块"目录下。右键点击"主测量程序"–"添加特别元素"–"循环模块"。即可添加一个循环模块。在同一个循环模块中，设定循环条件后，可以实现循环迭代的功能。

图 5.36 建立初定位坐标系(四)

图 5.37 建立初定位坐标系(五)

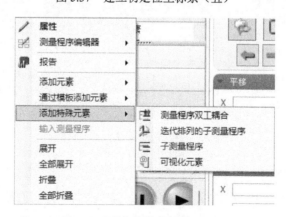

图 5.38 建立零件坐标系(一)

# 第 5 章 测量分析软件的使用

在循环模块中需要添加一段测量路径,这段路径需要对 RPS 点进行扫描。右键点击"循环模块"–"添加元素"–"其它"–"空元素"。即可添加一个扫描模块。将空评定重命名为"Alignment_1"。

图 5.39　建立零件坐标系(二)

设置空元素模块,双击"空元素"弹出如图 5.40 所示对话框。右键点击"空元素"–"添加策略"–"测量|光学"。

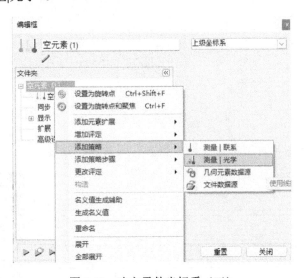

图 5.40　建立零件坐标系(三)

添加扫描路径,右键点击"测量|光学"–"添加策略步骤"–"扫描"。则可以在扫描中添加扫描路径。

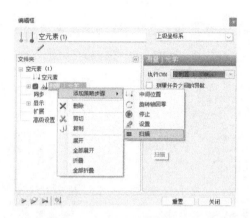

图 5.41 建立零件坐标系（四）

选中"扫描"目录，在零件数模中点击扫描起点与终点，即完成一段扫描路径。

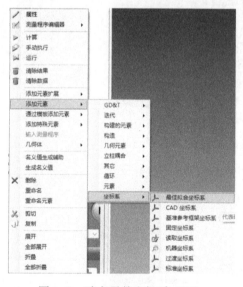

图 5.42 建立零件坐标系（五）

扫描路径的移动点共有三种形式：只移动，只旋转，边移动边旋转。点击图标即可互相切换。

只移动：

只旋转：

边移动边旋转：

当移动点可旋转时，可以输入三轴角度值设定测量头角度。或者如图 5.43 所示拖动圆形刻度尺设置梯形扫描光束角度。

完成间隙点所有扫描路径，注意扫描两段 RPS 点的中间点

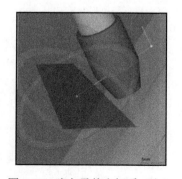

图 5.43 建立零件坐标系（六）

的设置，中间移动点不需要测量头出光扫描，为纯移动点，只需将图中移动点前方框取消勾选，即可只移动，不扫描。这样设置移动速度会加快。

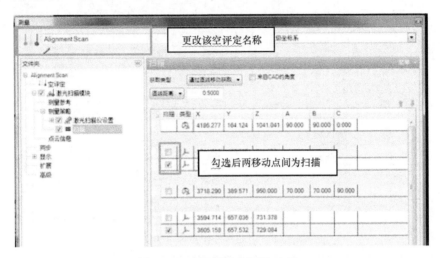

图 5.44　建立零件坐标系（七）

添加最佳拟合坐标系。右键点击"主测量程序"－"添加元素"－"坐标系"－"最佳拟合坐标系"。然后将其放入建系循环模块目录下。最佳拟合坐标系的建系原则是 3-2-1 建系法则。

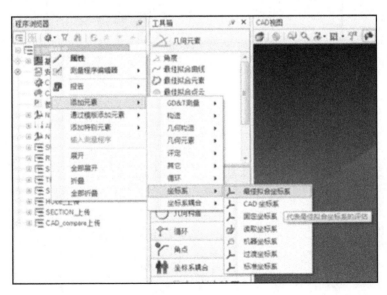

图 5.45　建立零件坐标系（八）

将 RPS 点导入最佳拟合坐标系，分别设置 RPS 点的"约束条件"和"中断条件"。

图 5.46　建立零件坐标系（九）

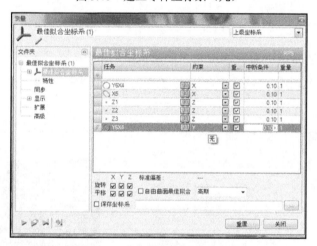

图 5.47　建立零件坐标系（十）

最佳拟合坐标系设置。"循环"中循环次数一般设定为 10 次，循环结束后询问用户。

图 5.48　建立零件坐标系（十一）

坐标系建立完成，接下来添加支具调整点测量与调整程序。在"建系循环模块"下添加新的循环模块，根据调整点点名命名，例如"X7"。该循环模块属性需选择建立好的零件坐标系下评价，选择对应名称。

图 5.49　建立零件坐标系（十二）

图 5.50　建立零件坐标系（十三）

将测量点放置在该循环模块下，双击测量点编辑属性。右键点击"点名"-"激光扫描模块"，右键点击"测量|光学"-"扫描"。然后在扫描里按相同方法编辑扫描路径。

图 5.51　建立零件坐标系（十四）

— 101 —

通常测量点的默认显示是测量点的所有信息，因此需要简化测量点信息的显示内容。点击"显示"-"评定"-"特性"。只勾选"显示表头""对应控制方向""偏差""显示标题栏""显示注释栏"。

图 5.52　建立零件坐标系（十五）

在调整点循环模块内，还需要添加"规则元素"。右键点击"该循环模块"-"添加元素"-"循环"-"条件元素"。规则元素设置，双击规则元素打开属性，将该调整点添加到规则元素中，点击"规则元素"-"约束条件"选择该 RPS 控制方向，"中断条件"即循环迭代的中断条件，通常将中断条件设为 0.08mm。

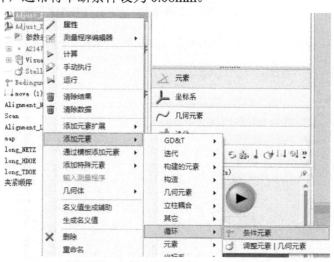

图 5.53　建立零件坐标系（十六）

第 5 章 测量分析软件的使用

图 5.54 建立零件坐标系（十七）

为了方便操作员每次调整后，程序都可以自动聚焦调整点位置。需要添加"显示元素"。将 3D 视图调整到合适的位置，然后右键点击"该点的循环模块"-"添加特殊元素"-"可视化元素"。双击可视化元素，将该调整点添加到元素中。

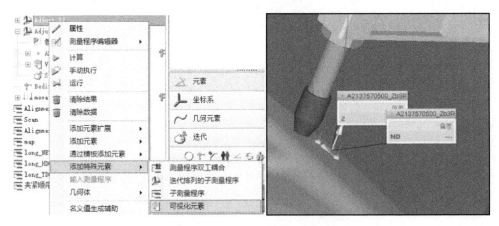

图 5.55 建立零件坐标系（十八）

把所有调整点都添加完成之后，在坐标系循环模块目录下需要添加条件元素，给这个循环一个中止条件。该中止条件就是所有调整点的规则元素满足规则即可停止循环。右键点击"该循环模块"-"添加元素"-"循环"-"条件元素"。在条件元素属性中添加所有调整 RPS 的"规则元素"。循环次数设置为 10 次。

图 5.56  建立零件坐标系（十九）

图 5.57  建立零件坐标系（二十）

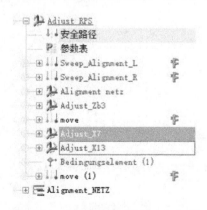

图 5.58  建立零件坐标系（二十一）

以上步骤完成后，整个坐标系建系循环已完成。但是由于系统逻辑问题，在该循环模块中的坐标系，在之后测量点计算中是无法正常调用的，因此，需要将建系的扫描路径和建系模块复制粘贴到"主测量程序"目录下。循环建系完成后，再建立一次坐标系。之后的测量点计算，调用该坐标系。整个建系结构如图 5.59 所示，坐标系建立完成。局部坐标系的建立步骤相同，但无调整点，无须重新建立坐标系即可调用。

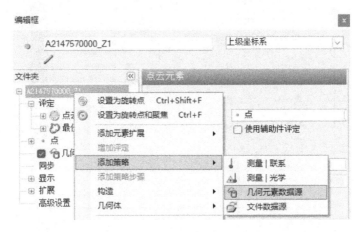

图 5.59　建立零件坐标系（二十二）

## 5.2.4　编写路径

坐标系建立好之后，需要编制测量扫描路径和测量点评价设置。在编写之前，需要对零件的测量区域进行规划，一般分为"trim""surface""hole""local alignment""local alignment area"几个区域。通常也将扫描路径分为这几段，这样方便了测量点计算时的调用设置。

添加"测量程序"目录。右键点击"主测量程序"–"添加特别元素"–"测量程序"。并重命名为"Sweep"或"Scan"。然后在其目录下添加"空评定"。右键点击"Sweep"–"添加元素"–"其它"–"空评定"，如图 5.60 和图 5.61 所示。

"空评定"设置同上，扫描路径方法同上，扫描路径根据需求编写。完成后如图 5.62 所示，即扫描路径编写完成。

扫描路径编写完成后，需要将所有测量点元素分批、分类地导入程序中，导入之前需要新建多个"测量程序"目录，并分别重命名，通常情况分为"考核测量上传""Trim 上传""Surface 上传""Hole 上传""Section 上传""CAD_compare 上传"。若有局部坐标系，需要添加"Local_alignment 上传"。并将测量点分别导入对应目录下，例如 RPS 点如图 5.63 所示。注意，"测量程序"的计算坐标系应该使用之前建立的"零件坐标系"。

图 5.60　路径编写（一）

图 5.61　路径编写（二）

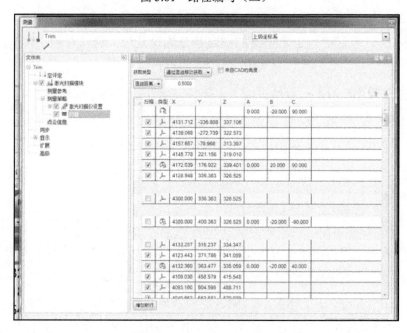

图 5.62　路径编写（三）

# 第 5 章　测量分析软件的使用

图 5.63　路径编写（四）

测量点设置，添加"元素回叫"模块。双击测量点-"评定"-"添加策略"-"几何元素数据源"。注意：在测量点导入的时候，程序默认的是模板设置。若在导入之前设置好测量点模板，则无须单独对每个测量点重新设置，如图 5.64 所示。

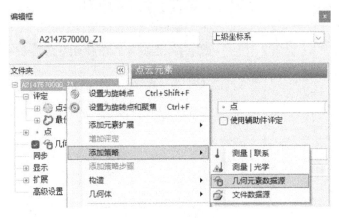

图 5.64　路径编写（五）

"几何元素数据源"设置。点击"几何元素数据源"，在几何元素数据源目录中选择"Sweep"目录下对应的扫描路径。则该点将使用此扫描路径的结果评价偏差，如图 5.65 所示。

搜索范围设置，点击"点云元素""FEX""搜索范围"然后可以看到一个蓝色圆柱形图标在测量点上，这个圆柱形范围为点云计算范围，缩小圆柱尺寸，可以得到更精确的偏差值，但是，点云数据量不足，可能导致无法计算，如图 5.66 和图 5.67 所示。

图 5.65 路径编写（六）

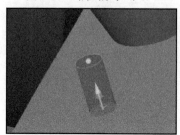

图 5.66 路径编写（七）

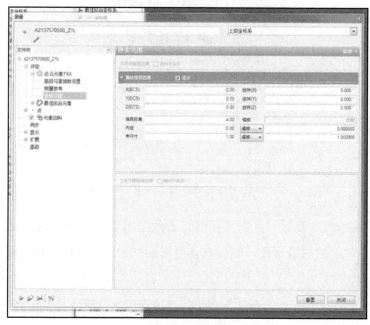

图 5.67 路径编写（八）

测量点设置完成后,一般情况会计算零件色差图,可以更直观地看到零件状态。点击标题栏里面的"小手"图标。使用"面"选项中的"PC 名义-实际值比较",选中所需要计算的零件表面,点击确定完成选择,如图 5.68 所示。

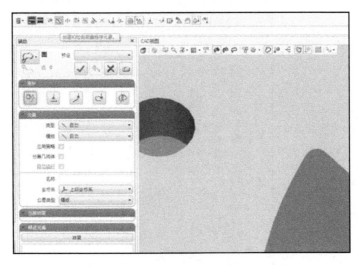

图 5.68 路径编写(九)

色差图设置,选中"几何元素数据源",选中所有扫描路径。注意"计算坐标系"选择之前建立的"零件坐标系"。"偏差计算"方式选择"在名义值上显示",如图 5.69 和图 5.70 所示。

图 5.69 路径编写(十)

图 5.70 路径编写(十一)

至此，一个完整的基础测量程序编写完成。完整的程序逻辑如图 5.71 所示，完整的程序应该具备以下几个元素"基本坐标系""零件坐标系""扫描路径""测量点元素""色差图"。

图 5.71　路径编写（十二）

### 5.2.5　常用设置

（1）程序镜像

选中所需要镜像的"程序""测量点"或"数模"。点击"视图""测量程序镜像辅助"。首先定义反射平面及镜像的中心面。然后选择是镜像所有程序还是选中程序。镜像根据情况选择是否包含 CAD 模型。若勾选"新建测量程序"，镜像完成的部分会储存在一个独立程序内，若勾选"当前测量程序"，镜像完成的部分会保存在当前程序中，如图 5.72 和图 5.73 所示。

（2）比色刻度尺设置

比色刻度尺是色差图显示的标尺，不同的颜色显示偏差的大小，红色区域为正偏差，蓝色区域为负偏差，绿色区域为中值区域。各种颜色之间是均匀过渡的，但是色差梯度设置不同，不同颜色显示范围也会不同。右键点击"CAD""属性"。点击"创建连续的比色刻度尺"，通常比例范围为±2mm，梯度设置为 0.5，如图 5.74~图 5.76 所示。

# 第 5 章　测量分析软件的使用

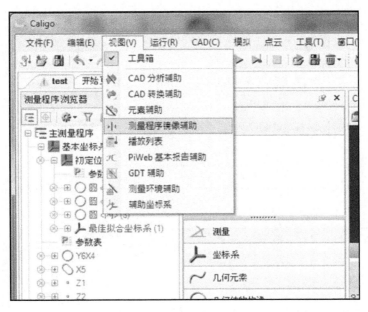

图 5.72　程序镜像（一）

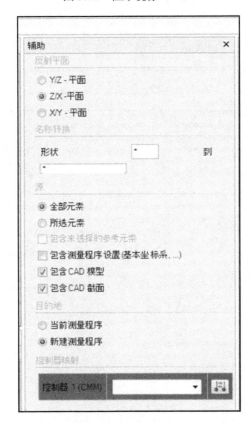

图 5.73　程序镜像（二）

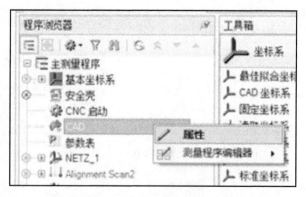

图 5.74　比色刻度尺设置（一）

图 5.75　比色刻度尺设置（二）

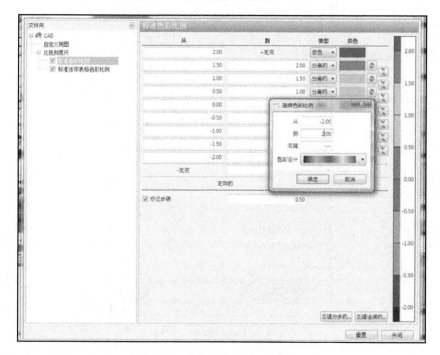

图 5.76　比色刻度尺设置（三）

## 第5章 测量分析软件的使用

（3）CNC 测量结果上传设置

在主测量程序目录下，双击"CNC 启动"设置，点击"报告""上传""连接"，设置上传到数据库的路径及服务器。点击"辅助"设置上传内容，注意一般情况不上传公差。点击"名称组""选项"其通用设置如图 5.77~图 5.80 所示。

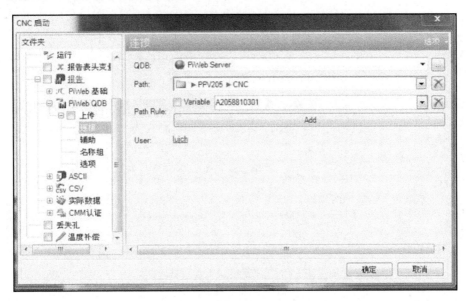

图 5.77　CNC 测量结果上传设置（一）

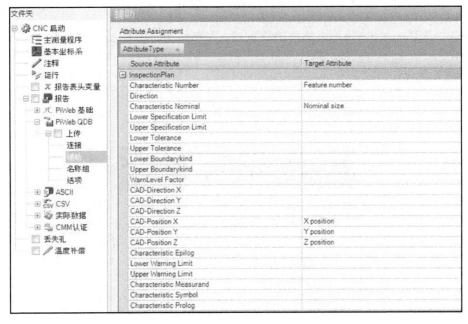

图 5.78　CNC 测量结果上传设置（二）

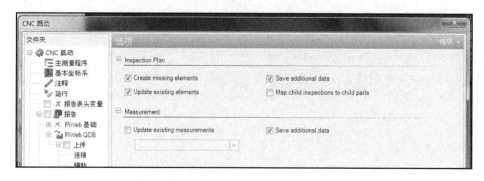

图 5.79　CNC 测量结果上传设置（三）

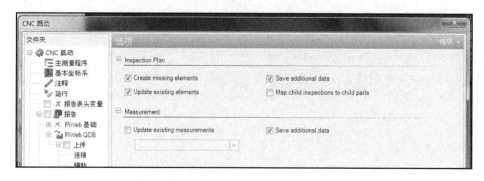

图 5.80　CNC 测量结果上传设置（四）

（4）测量机配置

双击启动 Caligo 软件，添加新的测量臂设备，点击菜单栏 Tools→Settings 打开设置界面，右键单击 Devices→New 添加新的测量臂，对新设备进行机器参数配置，如图 5.81～图 5.83 所示。

图 5.81　测量机配置（一）

第 5 章　测量分析软件的使用

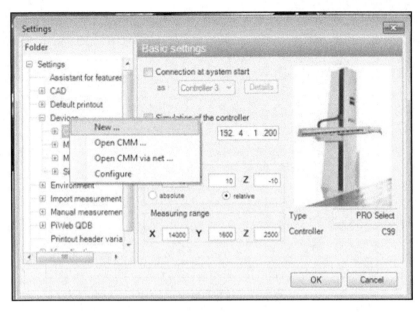

图 5.82　测量机配置（二）

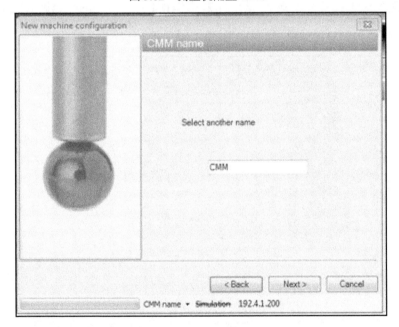

图 5.83　测量机配置（三）

在界面中输入设备名称，如整车测量平台主臂可输入 MRA_CSC_Master，辅臂为 MRA_CSC_Slave。输入完毕后点击 Next 进行下一步配置，进入图 5.84 界面。在界面 Horizontal arm 中选择测量臂类型（不清楚的可在测量臂标签中查找）。在 Measuring range 中更改为机器的实际量程。输入完毕后点击 Next 进行下一步配置。

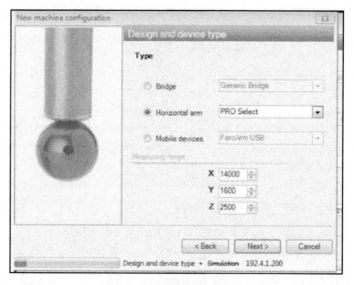

图 5.84　测量机配置（四）

在该界面中输入设备控制柜 IP 地址，若本地设备上的 Caligo 则输入本地控制柜 IP，若远程，需输入远程所对应控制柜 IP，如图 5.85 所示。

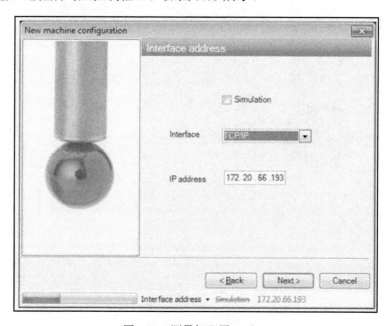

图 5.85　测量机配置（五）

IP 地址输入完毕后点击 Next 进行下一步配置。

在该界面中对测量臂控制界面背景色进行设置，通常主臂为红色，辅臂为绿色，如图 5.86 所示。配置完毕后点击 Next 进行下一步配置。

第 5 章　测量分析软件的使用

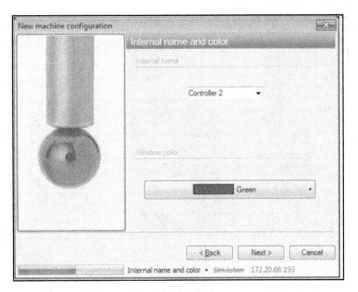

图 5.86　测量机配置（六）

在该界面中对测量臂的 $Y$ 方向进行配置（图 5.87），根据实际情况进行配置，需注意主臂与辅臂相反，如图 5.88 所示为主臂设置界面，右图为辅臂设置界面。配置完毕后点击 Next 进行下一步配置。

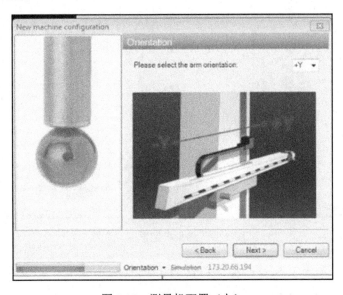

图 5.87　测量机配置（七）

在该窗口中对测量臂吸盘类型进行配置，根据实际应用情况在对应型号前进行打钩（图 5.89）。配置完毕后点击 Next 进行下一步配置。

— 117 —

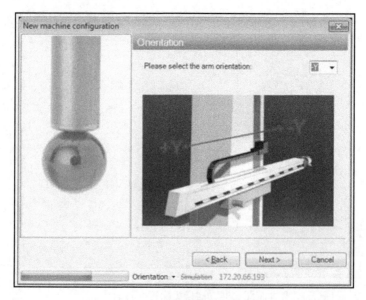

图 5.88　测量机配置（八）

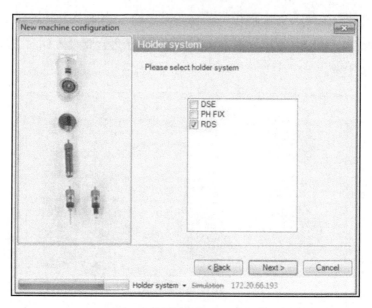

图 5.89　测量机配置（九）

在该界面中对测量臂探针类型进行配置，根据实际应用中的型号在前面进行打钩（图 5.90）。配置完毕后点击 Next 进行下一步配置。

该窗口显示的是机器主要信息的概述。检查一遍，若没有问题点击 Finish 完成测量臂的配置。

配置成功，Devices 下会出现刚刚配置完毕的测量臂信息（图 5.91）。Connection at systerm start 前的对勾挑上的话，Caligo 在启动时会自动联机，不勾为脱机状态。同时将

Simulation of the controller 前的对勾挑上的话，Caligo 为脱机仿真状态，可进行脱机模拟编程（图 5.92）。

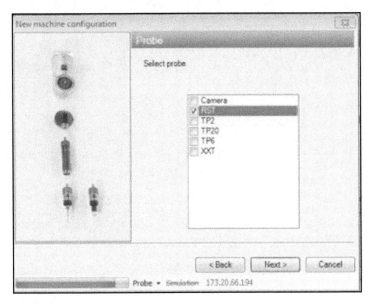

图 5.90　测量机配置（十）

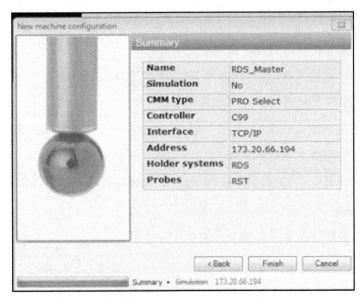

图 5.91　测量机配置（十一）

需注意的是，Caligo 对机器的配置进行任意更改，都需重启 Caligo 软件才能生效。

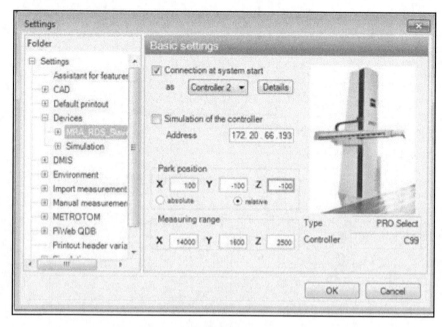

图 5.92 测量机配置(十二)

# 习 题

1. Caligo 测量程序编程前期准备阶段包括?

答案:1)三维数模准备;2)测点准备;3)报告模板制作。

2. Caligo 测量程序测量路径规划阶段包括?

答案:1)建立测量支具坐标系;2)建立零件坐标系;3)零件扫描。

3. Caligo 测量程序调试阶段包括?

答案:1)支具摆放;2)支具精度检验;3)扫描路径验证及计算;4)结果检查、调整和上传数据库设置。

4. Caligo 测量程序测量路径规划原则?

答案:

1)由于冲压件测点多,零件扫描表面需要全覆盖。

2)一般情况下扫描路径分为三块:表面、切边和孔。

3)扫描路径的长短依据个人编程喜好,但需要考虑测量连续性及效率。

4)路径之间需要考虑起始点与终止点在安全位置。

第 5 章 测量分析软件的使用

## 5.3 GOM 测量软件

### 5.3.1 自动化光学测量系统简介

自动化光学测量系统由光学三维测量机，工业机器人及安全系统构成。

（1）三维测量概述

在汽车设计生产的过程中，为了保证产品质量，许多环节的零件的制造、组装需要三维测量数据的支持，以改进质量，保障生产出合格的汽车。冲压件生产的前期——产品试制阶段，零件的设计变更频繁，模具调试的次数多，对三维测量数据获取的精度、准确性、全面性、快速性有很高的要求。而且相对于其他零件，单个冲压件的形面复杂而且有大、软、薄等特性，需要测量评价的三维特征种类数量多，如形面、孔、边等。这些对三维测量数据的获取提出了较高的要求。

目前，有很多种方法可用来获取目标物体的三维形状数据，主流的方法有两大类：接触式测量和非接触测量。

（2）接触式测量

接触式测量又称为机械测量，即利用探针直接接触被测物体的表面以获取其三维坐标数据。坐标测量机（Coordinate Measuring Machine，CMM）是其中的典型代表，它可与 CAD 系统以在线工作方式集成在一起，形成实物仿形制造系统。机械接触式测量技术已非常成熟，具有较高的灵敏度和精度。尽管三坐标测量机获得物体表面点的坐标数据相对精度很高，但本身仍存在很多限制：扫描精度受到机械运动的限制，测量速度慢，测量前需要规划测量路径，对软质材料测量效果不好，对测头不能触及的表面无法测量等，并且使用接触式测头需补偿测头直径，触头会存在磨损的情况，需经常校正以维持精度，测量仪器复杂，另外接触式测量机对环境要求很高，必须防振动、防尘、恒温等。因此，接触式测量难以满足当今公司高效率、高精度及大型面的检测需要。

（3）非接触测量

非接触式三维测量不需要与待测物体接触，可以远距离非破坏性地对被测物体进行测量。光学三维测量技术（Optical Three-dimensional Measurement Techniques）因为其"非接触"与"全场"的特点，是目前工程应用中最有发展前途的非接触式三维数据采集方法。

光学三维测量技术是 20 世纪科学技术飞速发展所催生的丰富多彩的诸多实用技术之一,它是以现代光学为基础,融合光电子学、计算机图像处理、图形学、信号处理等科学技术为一体的现代测量技术。它把光学图像当作检测和传递信息的手段或载体加以利用,其目的是从图像中提取有用的信号,完成三维实体模型的重构。随着激光技术、精密计量光栅制造技术、计算机技术以及图像处理等高新技术的发展,以及不断推出的高性能微处理器、大容量存储器和低成本的数字图像传感设备、高分辨率的彩色图像显示系统等硬件设施的使用,为光学测量领域的技术创新与应用提供了可能。

自动化光学三维测量系统主要由光学三维测量系统、机器人系统、安全系统三部分组成,既可以购买成套的自动化设备,也可以根据不同的测量需要选择相应的设备以组成更适合自己的测量系统。

(4) ATOS 自动化光学三维测量系统介绍

ATOS 自动化光学三维测量系统由三大部分组成:

1) ATOS 光学三维测量系统。

2) KUKA 机器人系统。

3) 基于西门子 PLC 的安全系统。

下面对以上三个部分分别进行介绍。

ATOS 光学三维测量系统的组成:ATOS 光学三维测量系统是由摄影测量相机、比例尺、非编码和编码参考点标、高性能计算机、应用软件 ATOS Professional 组成的。

ATOS 光学三维测量系统主要应用于设计、构造、制造、质量管理等不同产业领域,这些领域需要利用坐标测量技术数字化处理物体表面,以便对实际组件和其技术数据进行比较和评估。使用 ATOS 数字化系统(先进的测量传感器),能简便快速数字化处理测量物,获得高分辨度的局部测量点,获得高精度的测量结果。ATOS 系统主要的工作原理是三角测量原理(图 5.93),也就是通过两种不同方法(TRITOP 摄影测量,ATOS Ⅲ Triple Scan 扫描测量),将每个三维测量点摄取到某一基准三角测量里。在测量过程中,ATOS 测量头(图 5.94)投射条纹图到测量物上,由两侧相机记录下该图样。以 ATOS Ⅰ 为例,每次单次测量将创建多达 80 万个三维点;而 ATOS Ⅲ Triple Scan 测量头的标准是创建 800 万个三维点。为了数字化处理整个物体,大多数情况下需要从不同方向角度进行多次测量。

第 5 章　测量分析软件的使用

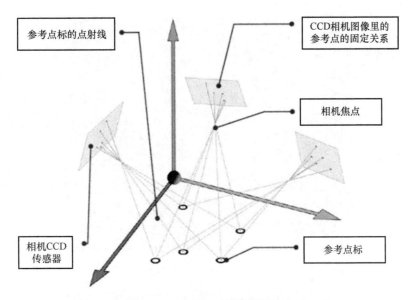

图 5.93　TRITOP 摄影测量原理

图 5.94　ATOS Ⅲ Triple Scan 测量头

　　ATOS Ⅲ Triple Scan 在测量过程中，条纹图投射到测量物的表面，测量头的两个相机记录下投射的条纹图。软件在短时间内计算出每次单次测量里多达 800 万个高精度三维点（根据使用的测量头的类型而定）。为了完整记录整个测量物，需要将多个不同视图组合为一体。通过测量项目里使用的参考点标（图 5.95 和图 5.96），软件将各次测量转换到一个共同的全局坐标系里。操作人员可以通过计算机显示屏直接监督数字化进程。针对每次测量，软件将检查测量系统的标定情况、测量物和测量头的稳定状况以及环境光线的变化，便于即便在情况复杂的工业环境下，也能快速获取精准测量结果。测量获得的测量数据将分别作为点云、截面或多边形网格（STL，Stereolithography）等以供使用。

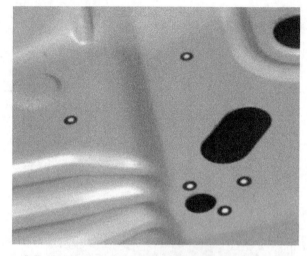

图 5.95　带有参考点的测量物表面

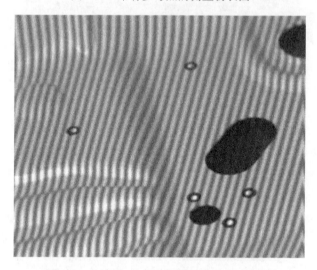

图 5.96　包括参考点和投射的条纹的测量物

（5）自动化光学三维测量的实现

自动化光学三维测量有很多优点：它可以极大地缩短测量时间、有更好的重复性、有用户独立的测量协议、可以离线编程、高灵活性、可以应用（自动化的）首件的检测、可以快速地进行批量生产的测量、可以将测量结果系列化并整合到质量控制工作链中。

自动化光学三维测量有众多的优点，它的实现基于两个基本因素：一个是高质量的硬件；另一个是与之匹配的高质量的软件。

ATOS 自动化光学三维测量系统有两个基本硬件：ATOS 测量机、KUKA 工业机器人。进行测量时机器人把持 ATOS 测量头，按编辑好的程序移动到相应的位置，光学测量机进行拍照扫描，获取被测物三维数据。被测物的三维数据是靠 ATOS 系统中的参考点的测量转换获得的,其精度与机械手的定位精度无关,机械手相对较低的定位精度(0.2mm/Lm)对测量机的精度没有影响。利用 ATOS 光学测量机的获取全面测量数据的性能优势,利用工业机器人多角度、大范围、快速移动的特点从而快速准确地获取零件的三维数据。

实现自动化光学三维测量的软件主要由两部分组成,一个是编辑机器人路径的软件,另一个是 GOM 公司开发的测量软件中的 VMR。

VMR 是英文 Virtual Measuring Room 的缩写,意为虚拟计量室。虚拟计量室是在 ATOS 软件里虚拟的一个真实测量场景,其功能表现完全与实际情况一致。此功能属于软件中的一部分。使用 VMR,可以在 ATOS 软件里仿真模拟自动化的 ATOS 测量系统的整个场景。虚拟再现的不只是计量室,同时参照的还包括不同的机械臂、转动台和测量头装置,以及它们不同的移动范围、极限和测量体积。基于 CAD 数据,真实测量物及其固定装置被同时表现在 VMR 里。只有这种几近完全的仿真表现,才能满足系统安全的示教(teaching)。这是因为在测量物的仿真阶段,系统已经发现并纠正了可能存在的冲突。VMR 还可以用虚拟形式规划包括不同测量头位置在内的实际测量过程。因此,VMR 是测量离线规划的延伸。通过试验装置的离线编程,在示教(测量编程)时,不会阻碍实际试验装置运行。完成仿真示教之后,下一步骤是系统以减速形式实施一次实际运行和测量。出于安全考虑,只有机械臂在实际情况下实施了至少一次预运行之后,才可以用最高速度执行移动。在从虚拟到真实的转变过程中,应该设定好曝光时间。如有需要,还可以精细调整其他测量参数和测量位置。只有实施了这些设置之后,系统才可以使用全速测量。VMR 软件模式还提供了更广和多方面的功能范围。

## 5.3.2 工业机器人概述

工业机器人是一种仿人操作、自动控制、可重复编程、能在三维空间完成各种作业的机电一体化生产设备。其特别适合于多品种、变批量的柔性生产。它对稳定、提高产品质量,提高生产效率,改善劳动条件和产品的快速更新换代起着十分重要的作用。

工业机器人的应用是实现自动化光学测量的基础,正是机器人的可编程、拟人化、通用性等特性,加上德国 GOM 公司的自动化测量软件中的 VMR 功能,以及其在机器人系统中编写的程序使自动化光学测量系统得以实现。

机器人品牌很多,如国外瑞典 ABB Robotics 公司系列机器人、日本安川电机及 FANUC 公司系列机器人、德国 KUKA Roboter 公司系列机器人,国内有首钢莫托曼机器人有限公司等。考虑到机器人应用现状（库卡机器人应用最多）以及 GOM 公司机器人的应用现状，测量系统选用德国 KUKA Roboter 公司系列机器人中的 KR210-2 型机器人，同时附加一个 KL1500 10m 直轨、一个 KPF1-MB2000 转台，共同组成机器人系统。

KUKA 工业机器人系统构成：

KUKA 工业机器人系统由三部分的构成：控制柜（控制系统）、机械手（机器人机械系统）、手持操作和编程器（库卡 smartPAD），如图 5.97 所示。

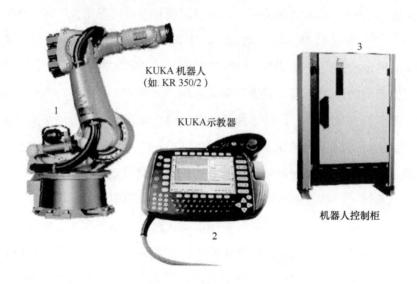

图 5.97　KUKA 工业机器人系统的构成

### 5.3.3　基于安全 PLC 的安全控制系统概述及设计

因为工业机器人的使用，系统的安全变得非常重要，为了尽可能地保障人员设备的安全，保证测量任务的顺利进行，系统设计了一套基于西门子安全 PLC 的安全控制系统，这个系统由以下几个部分组成：

1）西门子 PLC 故障安全系统，包括硬件：安全 CPU 315F-2 DP、与之配套的故障安全信号模块、故障安全电源模块和电子模块等。软件：SIMATIC S7 中 S7 Distributed Safety 软件包，以及为此系统编写的程序。

2）SICK S3000 安全激光扫描仪，用于对危险区域危险点和通道的水平和垂直保护，如图 5.98 所示。

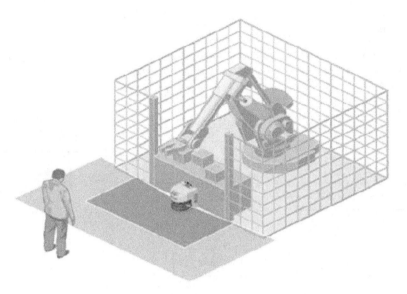

图 5.98　SICK S3000 安全激光扫描仪危险区域防护

3）其他安全设施包括安全围栏、自动门及自动门的安全系统，手动急停控制装置等。

自动化光学测量系统工作时安全系统的所有安全传感器必须确认系统安全，发送安全信号给 PLC，PLC 对比信号并确认安全后，发出安全信号机器人才可以工作，一旦其中一个或几个传感器扫描到安全问题，就发送信号给 PLC，PLC 将发送急停信号给机器人，使其马上停止运行。

这个系统的应用不仅提供了可靠的安全性，还确保了系统有高度的灵活性和很高的生产效率。

为保障机器人和测量系统的正常运行，根据自动化测量系统的运行测量范围设置安全围栏。围栏用铝合金型材、钢板、透明 PC 板组成，既有防护功能，也美观，便于观察系统运行状态。

围栏的自动安全门系统由以下几部分组成：门板、触边感应器、门电动机、安全门锁、位置感应器、控制盒等。

### 5.3.4　自动化光学测量系统网络结构及电气控制图

自动化光学测量系统网络结构及电气控制图如图 5.99 和图 5.100 所示。

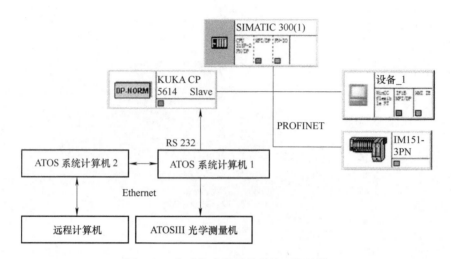

图 5.99　自动化光学测量系统网络结构

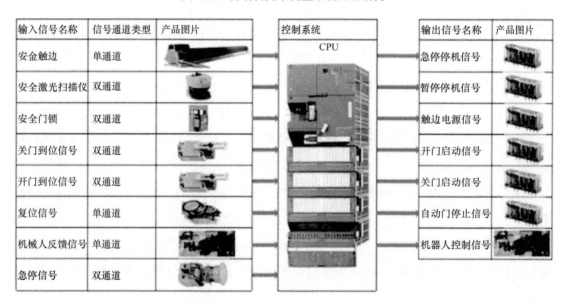

图 5.100　自动化光学测量系统电气控制图

## 5.3.5　自动化光学测量系统的使用

1）GOM 自动光学测量系统 ATOS ProfessionnalV8 软件界面简介如图 5.101~图 5.108 所示。

2）ATOS 系统数据导入及 VMR 使用如图 5.109~图 5.111 所示。

# 第 5 章 测量分析软件的使用

图 5.101　软件界面简介（一）

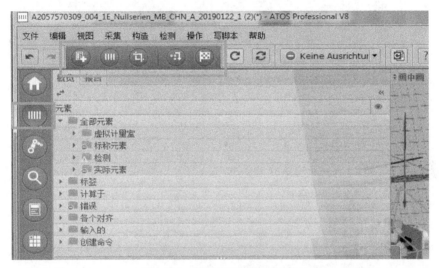

图 5.102　软件界面简介（二）

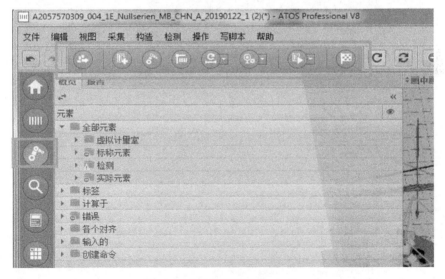

图 5.103　软件界面简介（三）

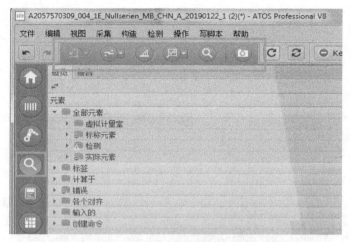

图 5.104　软件界面简介（四）

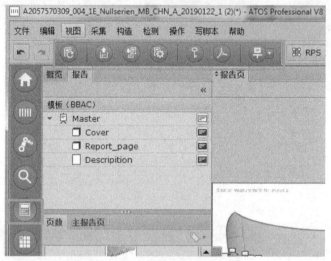

图 5.105　软件界面简介（五）

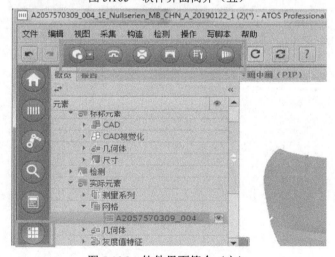

图 5.106　软件界面简介（六）

# 第 5 章　测量分析软件的使用

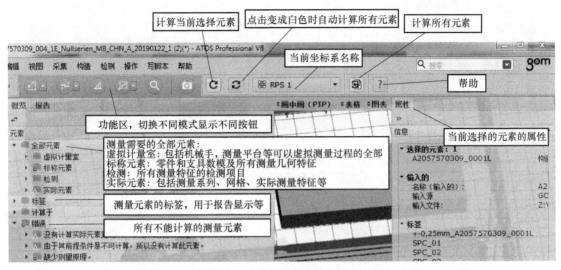

图 5.107　软件界面简介（七）

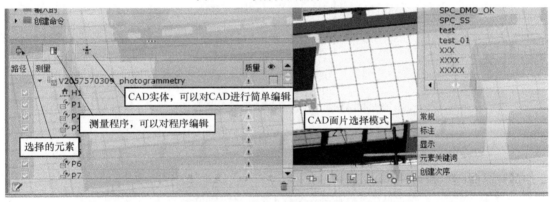

图 5.108　软件界面简介（八）

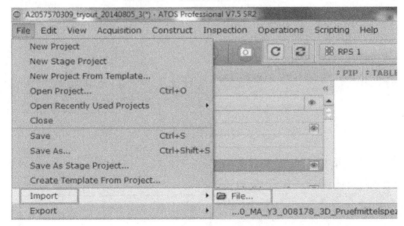

图 5.109　ATOS 系统数据导入（一）

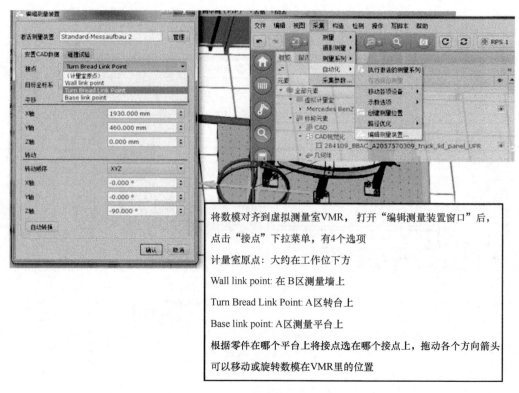

图 5.110　ATOS 系统数据导入（二）

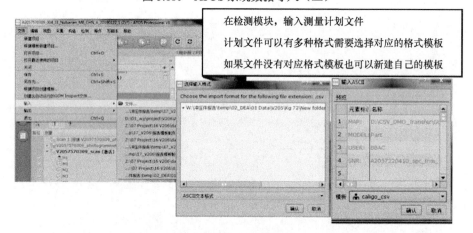

图 5.111　ATOS 系统数据导入（三）

3）导入检测测量特征，如图 5.112~图 5.117 所示。

图 5.112　导入检测测量特征（一）

第 5 章 测量分析软件的使用

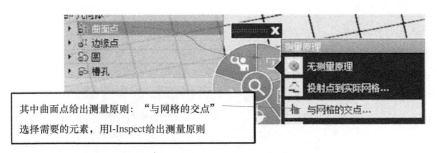

图 5.113 导入检测测量特征（二）

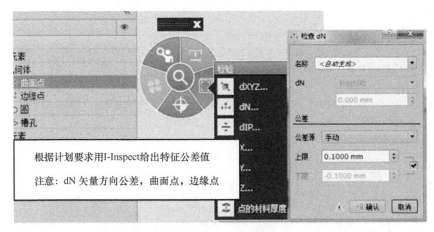

图 5.114 导入检测测量特征（三）

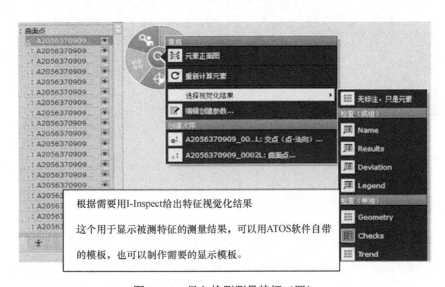

图 5.115 导入检测测量特征（四）

4）编辑 Photogrammetry 程序，如图 5.118~图 5.124 所示。

图 5.116 导入检测测量特征（五）

一般情况边缘点、圆、槽给的测量原则是灰度值
圆的公差一般需要给 XYZ 和 D（直径）
槽（包括圆槽方槽）一般需要给 XYZ 和 L（长度）W（宽度）
也可以用 I-Inspect 的"自定义的检测原则"给被测元素公差+视觉化结果，前提是已经有相关特征的模板。

图 5.117 导入检测测量特征（六）

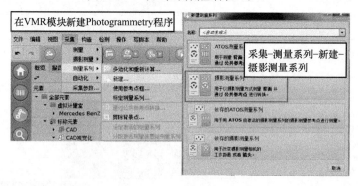

图 5.118 编辑 Photogrammetry 程序（一）

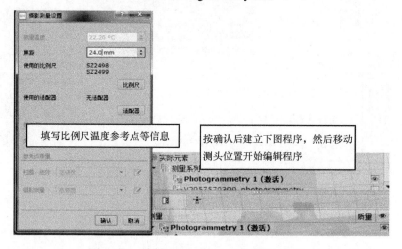

图 5.119 编辑 Photogrammetry 程序（二）

第一次按下空格键生成第一个测量位置，如图默认在此位置之前生成一个机械手原始位置：H1。Photogrammetry程序默认测量位置：P1。

如果测量模拟从一个位置到另一个位置中间发生碰撞，可以在两个位置之间增加一个或多个中间位置。离线编写程序或调试程序时用I-Teach功能方便好用

图 5.120　编辑 Photogrammetry 程序（三）

确定测量位置有3种方法：

1. 光标移动到零件位置按shift+鼠标右键单击，松开键盘，机械手和测头将从当前位置移动到指定的测量位置。
2. 将光标移动到测头位置，单击鼠标左键，如图拖动红蓝绿箭头移动测头位置。单击图中黄点可以切换测头旋转中心，可以根据实际需要切换。
3. 按shift+鼠标左键呼出I-Teach快捷菜单单击 在菜单里填入机械手各个轴、转台的角度、轨道的位置参数。

确认位置合适以后，按空格键可以完成测量位置。

图 5.121　编辑 Photogrammetry 程序（四）

在VMR里ATOS测量头，机械手各个轴，以及VMR里其他物体发生碰撞冲突可以被模拟发现（如图），下面黄色文字标明发生冲突的物体。

机械手一般按最短路径运行，可能会发生冲突，这时需要一个或多个中间位置才能达到需要的测量位置。

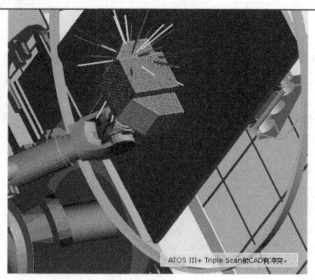

图 5.122　编辑 Photogrammetry 程序（五）

好的摄影测量程序，测量位置3-4层，像倒扣的碗一样覆盖零件的待测部分。

其作用是利用编码点参考点比例尺等建立一个测量软件可以识别的坐标空间。

图中绿点是已经识别的参考点，scan测量时测量区域有三点以上才能定位空间进行扫描测量。

图 5.123　编辑 Photogrammetry 程序（六）

第 5 章 测量分析软件的使用

确认在未联机状态下运行刚刚编写的 Photogrammetry 程序，将视图调整到适合观察位置。点击下图标黄图标，打开测量下拉菜单，选择 Photogrammetry 程序，点击，弹出如下菜单，点击保留，机械手将在 VMR 里运行程序，观察程序运行期间有没有大幅度、大角度，或者与其他设备干涉等情况。

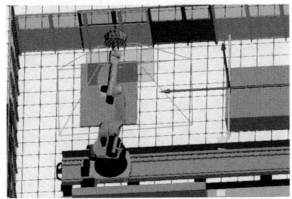

图 5.124 编辑 Photogrammetry 程序（七）

5）编辑 SCAN 测量程序，如图 5.125~图 5.129 所示。

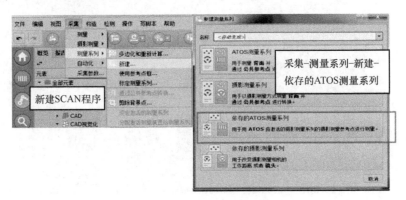

图 5.125 编辑 SCAN 测量程序（一）

— 137 —

默认生成左图程序名，进行离线在线扫描测量时默认测量位置名称为MI，M2……，移动和建立测量位置方法同Photogrammetry。

离线编写SCAN测量程序时需要考虑以下几点：

1. ATOS测量头能扫描到的区域是从两个相机里能看到的区域。当测量物本身结构复杂，多边、多角、多孔或者包含其他三维外形时，如果要数字化处理整个物体，需要进行多次单独的测量。

2. 每次测量里通过相机测量到至少三个参考点，那么通过这些参考点，系统将自动把这些测量定位到一个共同的坐标系里。

3. 为了在扫描测量物时确保其角、边界部分的扫描质量，当您摆放测量头时，系统投射的条纹应该与这些部分大约呈90°。这样摆放测量头的作用是：在摄取平坦表面的同时，系统能摄取到的角和边界部分的细节也更多。

4. 需要扫描的测量物的复杂程度，决定了单独测量的次数。

图 5.126　编辑 SCAN 测量程序（二）

如果零件比较大，或者复杂，扫描测量一般分成2个或多个程序：第一个测量所有RPS点，第二个测量边，第三个测量剩余的孔类特征及面。

扫描测量程序一般优先测量边缘点，孔等灰度值特征，将所有灰度值实际特征显示出来，移动测头到相应的位置能模拟显示本次测量能够测量的特征（标注绿色十字的）。一般灰度值测量完成后，补充几个位置就能完成零件所有部分的测量。

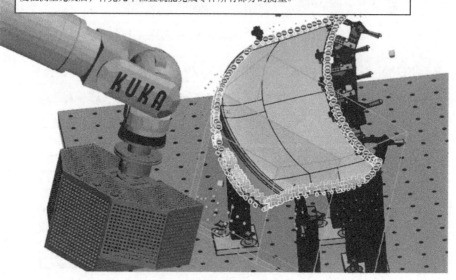

图 5.127　编辑 SCAN 测量程序（三）

第 5 章 测量分析软件的使用

图 5.128 编辑 SCAN 测量程序（四）

确认在未联机状态下运行刚刚编写的SCAN程序，将视图调整到适合观察位置。
点击下图标黄图标，打开测量下拉菜单，选择SCAN程序，点击，弹出如下菜单，点击保留，机械手将在VMR里运行程序，观察程序运行期间有没有大幅度，大角度，或者与其他设备干涉情况。如果有需要修改，比如增加中间位置，配置不同的轴达到类似的位置，有时会因为其中一个位置的轴配置不好导致后面所有的位置都要重新编写，所以在编写位置时要经常模拟测量，及时发现更改不良位置。

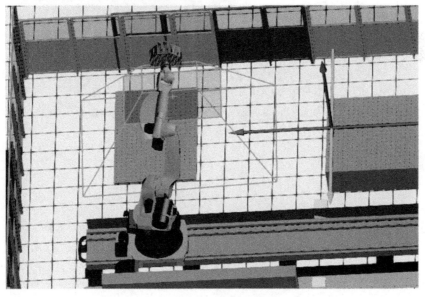

图 5.129 编辑 SCAN 测量程序（五）

6）建立对齐及点云处理、网格化，如图 5.130~图 5.141 所示。

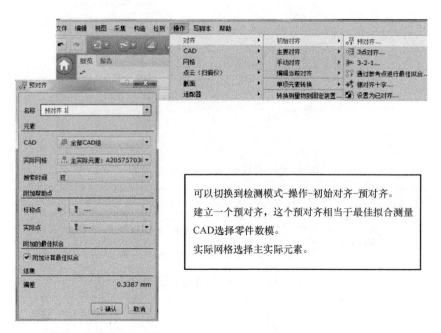

图 5.130　建立对齐及点云处理、网格化（一）

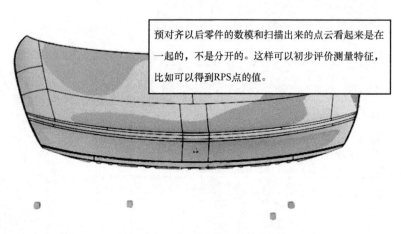

图 5.131　建立对齐及点云处理、网格化（二）

第 5 章 测量分析软件的使用

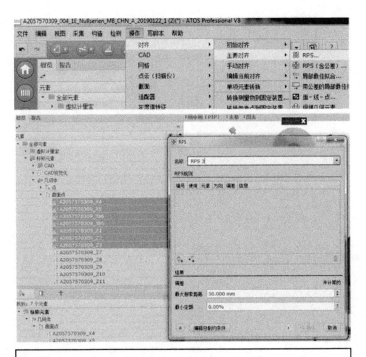

预对齐以后得到RPS的值以后，就可以据此建立RPS对齐。
操作-主要对齐-RPS，打开对齐窗口。
建立一个RPS对齐，这个预对齐相当于321对齐。
在概览-标称元素-几何体-选择建立元素坐标系的元素按 加入对齐元素。
一般RPS点的前6个是建立对齐的测量元素。

图 5.132　建立对齐及点云处理、网格化（三）

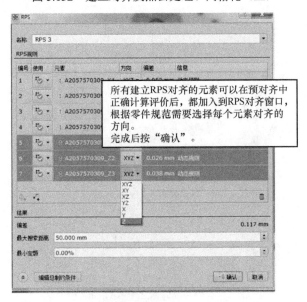

所有建立RPS对齐的元素可以在预对齐中正确计算评价后，都加入到RPS对齐窗口，根据零件规范需要选择每个元素对齐的方向。
完成后按"确认"。

图 5.133　建立对齐及点云处理、网格化（四）

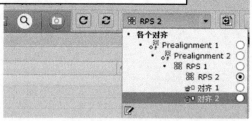

在方向栏里选择各个元素控制的方向。
规划或变更对齐名称，点击确认产生对齐。
可以根据需要在预对齐下和RPS对齐下再建立新的一个或几个对齐。

图 5.134　建立对齐及点云处理、网格化（五）

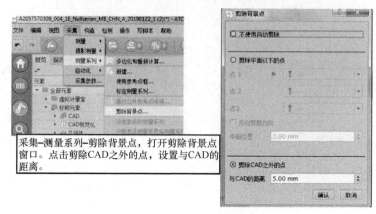

采集-测量系列-剪除背景点，打开剪除背景点窗口。点击剪除CAD之外的点，设置与CAD的距离。

图 5.135　建立对齐及点云处理、网格化（六）

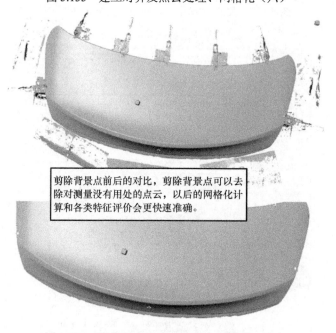

剪除背景点前后的对比，剪除背景点可以去除对测量没有用处的点云，以后的网格化计算和各类特征评价会更快速准确。

图 5.136　建立对齐及点云处理、网格化（七）

第 5 章 测量分析软件的使用

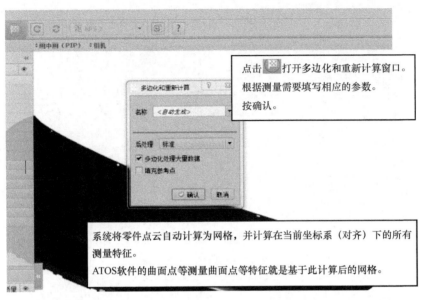

图 5.137 建立对齐及点云处理、网格化（八）

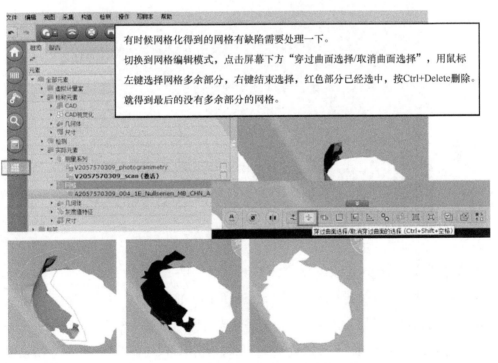

图 5.138 建立对齐及点云处理、网格化（九）

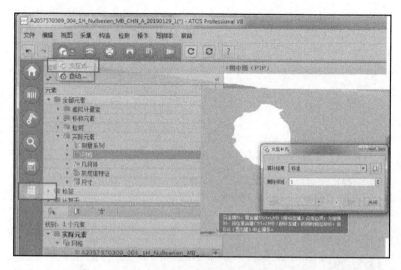

图 5.139　建立对齐及点云处理、网格化（十）

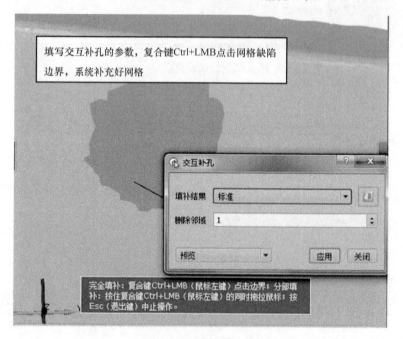

图 5.140　建立对齐及点云处理、网格化（十一）

7) 在线调试 Photogrammetry 测量程序，如图 5.142~图 5.149 所示。

8) 在线调试 SCAN 测量程序，如图 5.150 所示。

① 测量物的曝光时间与扫描次数：调整曝光时间的方法是在相机视窗里点击并按住鼠标左键，然后上下移动鼠标。另外您也可以将鼠标指针放在调节滑轮标上，滑动鼠标滑轮。为了获得良好对比度，请尽量使用尽可能长的曝光时间，直到两个相机视窗里都不再存在任何曝光过度区域（实时视图里的红色区域就是曝光过度区域）！

第 5 章　测量分析软件的使用

**分步补孔**

为了填补复杂的孔，需要分几步操作。点击功能键 。
通过这项功能，还可以填补位于物体边界的孔。位于物体边界的孔与物体的另一侧没有有效的界限。

**操作步骤**
1. 为了分步骤填补一个孔，则鼠标点击功能键分步补孔。
2. 为了定义要填补的那一部分孔，则鼠标点击这个孔的边缘。
3. 然后在这一孔边的对面边上点击第二个点。

点击了这两个点之后，界面中出现紫色连线。要填补的那部分孔被连线和网格包围。

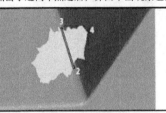

4. 然后鼠标点击要填补的那部分孔。
5. 在功能对话里调整相关参数，直到达到您需要的最佳效果。
6. 执行这项功能。

图 5.141　建立对齐及点云处理、网格化（十二）

设置采集参数：采集—采集参数。
　　测量温度：当前零件测量区域温度。
　　参考点：类型选择3mm圆形。
其他可以用ATOS默认选项参数。

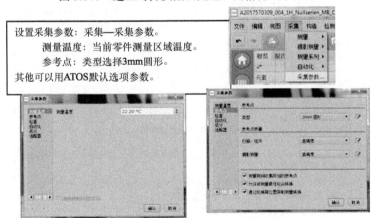

图 5.142　在线调试 Photogrammetry 测量程序（一）

测量零件及相关附属装置准备:
将零件支具按VMR状态安装到相应位置。
按照要求安放并夹紧零件。
安装参考点装置(尽量靠近零件,不能接触零件,方便安装零件)。
安放比例尺,十字架,编码点比例尺纵横摆放,尽量与零件在同一平面,编码点尽量在各个方向都有,一般情况一块参考板有3、4个编码点就可以。在转台的零件测量,要求零件、支具参考点装置必须牢固,防止在测量过程中晃动影响测量。

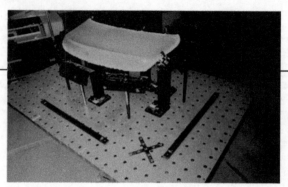

图 5.143  在线调试 Photogrammetry 测量程序(二)

为了正确使用参考点,必须遵循一些基本原则:
· 参考点标应该放置在平面上或者只是稍稍拱曲的表面。
· 不要将参考点标放置在靠近边缘的地方。如果靠边缘太近,系统不能自动填补扫描的曲面里的缝隙。参考点标应该放置在离边缘"1x参考点标的"的范围之外。
· 参考点标在测量体积里应该长宽高分布合理。
· 从所有扫描位置看,测量点标应该在测量头里清晰可见。
· 测量体积里放置参考点标的数量原则是:在当前测量里至少能看见三个同时也出现在前一次测量里的参考点。
· 不要将参考点放置呈一条线。
注意不要在测量体积里放置过多参考点标!
系统不会因为测量项目里有许多参考点从而精度更高!
参考点标均匀分布于整个测量物,由此产生的作用重大!

图 5.144  在线调试 Photogrammetry 测量程序(三)

测量设备准备:
PLC控制柜加电,机械手控制柜加电,等待设备加电完全。
做机械手Master test。
做机械手Breaking Test。
PLC总复位。
打开机械手上测量头开关。
检查测量整个测量区域没有影响测量及机械手运行的物品。
关闭A区B区安全门,按门上的复位按钮。
回工位按复位按钮(按一次抬起,蓝灯闪烁;再按一次5s直至蓝灯常亮)。
打开测量机软件。
点击ATOS软件窗口右上角 ⊙ ,连接测量头,测量头长时间不使用(1h),或断电后刚刚打开LED投影灯需要预热30min。

图 5.145  在线调试 Photogrammetry 测量程序(四)

# 第 5 章 测量分析软件的使用

设置 Photogrammetry 测量参数：
将机械手移到测量程序的一个测量位置，将相机视图切换到摄影测量相机。
拖动相机窗口的左下滚轮调整曝光参数直到画面中参考点大多数有绿色十字。
点击整个 photogrammetry 程序。
采集—测量—测量参数—采集当前测量参数—曝光参数，为整个测量程序的所有测量设置曝光参数。

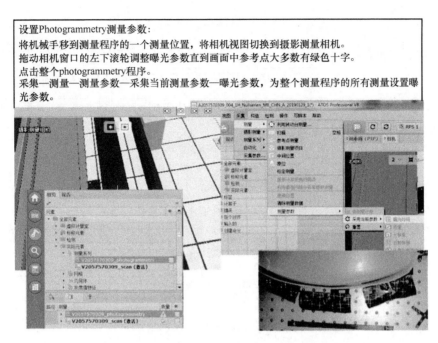

图 5.146 在线调试 Photogrammetry 测量程序（五）

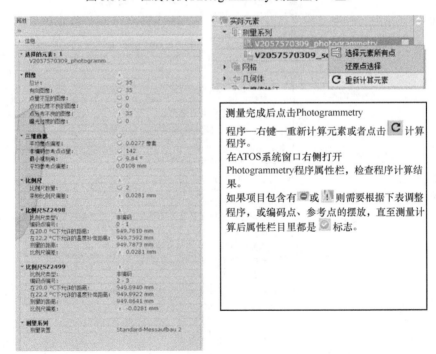

图 5.147 在线调试 Photogrammetry 测量程序（六）

曝光过度或曝光不足区域无法生成数据！

关于单次测量的重要信息

| | | |
|---|---|---|
| 图像信息 | 图像定位 | 只有当某幅图像里识别了足够的编码点，而且在其他图像里的相关位置也找得到这些点，此时才可以在三维空间里定位该图像。 |
| | 图像里的编码点点量 | 如果在图像里识别不足5个编码点，大多数情况下则不能在三维空间里识别出该图像。 |
| | 曝光过度的点 | 这是指尽管曝光过度，但是仍然由软件计算的过曝的和使用的参考点（编码和非编码）的数量。警戒值 ⚠ 为>1曝光过度的参考点。<br>**处理方法：**<br>• 降低摄影测量相机的闪光强度。 |
| | 平均的点反差 | 使用的参考点的平均反差可能太小或太大。<br>警戒值 ⚠ 为介于<10%和>80%。<br>**处理方法：**<br>• 增加或降低闪光强度，以便获得均衡的点反差。 |
| | 点分布<br>（请参看以下例子） | 为了可以计算各个镜头的图像特征，关于编码点标的图像的数量必须充足。因此，一幅图像里使用的参考点应该尽量布满整幅图像。如果这些点只是集中分布于图中的某一区域，这可能影响图像定位计算的精度。<br>警戒值 ⚠ 为<15%。 |
| | 平均点偏差 | 以像素为单位显示的平均点偏差。<br>警戒值 ⚠ 为0.2像素。 |

图 5.148 在线调试 Photogrammetry 测量程序（七）

| | | |
|---|---|---|
| 三维数据 | 平均像点偏差 | 显示的是以像素为单位的所有像点的平均偏差。<br>警戒值 ⚠ 为≥0.08像素。<br>**处理方法：**<br>• 请检查您的TRITOP相机（焦距、光圈、曝光时间、镜头等）。 |
| | 最小观测角 | 参考点的最小观测角。<br>警戒值 ⚠ 为≤3.5°。<br>如果一个参考点（编码或非编码）的观察角为≤3.5°，软件会因为该点不在界定的所需精度里，所以显示一个警示。如果您想知道是由哪个参考点造成此情况，请进入标签参考点查询。<br>**处理方法：** 增加额外的摄影测量图像到项目里。 |
| | 平均参考点偏差 | 以毫米（mm）为单位显示由像点的观测线到相关参考点的平均距离。这是以图解形式表现出物体空间里的平均像点偏差。 |
| 比例尺 | 比例尺数量 | **说明** 因为测量精度的原因，所以在一个摄影测量项目里我们始终使用两个比例尺。除了其他因素，这样做的优点是软件能依据各比例尺之间的相互关系检查这些比例尺（差异）。<br>如果在摄影测量项目里只输入了一个比例尺，软件将显示一个警示标 ⚠。<br>**处理方法：**<br>• 在您的项目里使用第二个比例尺。<br>• 增加额外的摄影测量图像到项目里。<br>• 比例尺放置位置更清晰。 |
| | 平均比例尺偏差 | 摄影测量项目里所有比例尺的平均比例尺偏差。<br>警戒值 ⚠ 由以下数学公式确定：<br>$$\frac{\text{Scale bar length in mm}}{50000} + 5\mu m$$<br>**处理方法：**<br>• 如果比例尺机械性损坏，请更换比例尺。<br>• 请检查输入到软件里的比例尺参数。<br>• 如果是GOM不变钢比例尺，请检查比例尺元件是否紧固。清除触点上可能出现的尘土。 |

图 5.149 在线调试 Photogrammetry 测量程序（八）

# 第 5 章 测量分析软件的使用

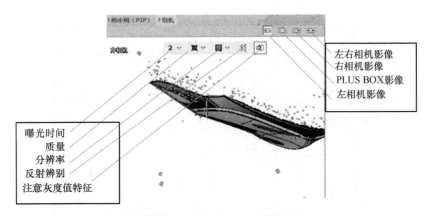

图 5.150 在线调试 SCAN 测量程序

在相机视窗左下侧的调节标里切换到调节参考点标曝光时间的状态。参考点标曝光时间的定义和设置都与前面提及的测量物曝光时间相同。不过此处注重的是参考点标上的白色区域。这个区域不应该曝光过度。

如果参考点标的白色表面曝光过度或曝光不足，界面的实时视图里会出现相应显示并标明状况。

扫描次数是指同一个测量位置用不同的曝光参数测量次数，曝光时间调整完成以后系统自动调整相关参数进行测量，如果测量物型面复杂，为了获得更好的测量结果，测量次数需要增加。相应的测量时间，测量的数据量也要成倍增加。

② 测量结果的质量：有 3 种设置。

a) 点更多：可以得到更多的测量点云，但是可能有影响测量计算的杂点出现。

b) 高质量：可以得到质量好的点云，但是可能因为缺少点云，出现有些特征不能计算。

c) 自定义：可以定义用户自己的活动点云参数，需要十分了解各项参数。

③ 测量结果的分辨率：有 2 种设置。

a) 快速扫描：可以理解为隔行扫描，得到一半的数据量，节约一半的计算时间。

b) 全分辨率：可以得到多点云，计算时间长，一般有灰度值测量要求的扫描需要这个设置。

④ 测量物的反射辨别：打开后系统对型面非常复杂的测量物投影不同光斑，计算不同区域的型面反射情况，系统根据计算调整扫描参数，扫描时间增加非常多。一般测量不建议打开。

⑤ 测量物的注意灰度值特征：注意灰度值特征，只要有灰度值测量要求的项目一般

都打开这个参数，如果没有灰度值测量要求可以关上，会节约很多测量时间（图 5.151）。

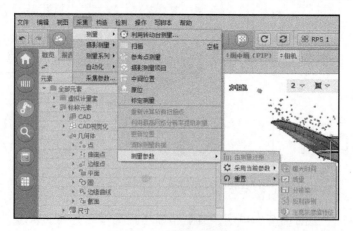

图 5.151　注意灰度值特征

运行机械手到 SCAN 程序的测量位置，打开相机图像，调整上述各项参数。

选择整个 SCAN 程序。

点击–采集–测量–测量参数–采集当前参数。依次更新各项参数。

执行测量程序，程序运行期间严密观察机械手运行，发现异常及时按下急停。

测量完成后，计算程序，网格化点云，计算 RPS 点，调整超差的 RPS 点，重复运行测量程序直至 RPS 点都在公差范围内，计算所有测量特征，发现未能计算的特征后，调整此特征的相关参数使之计算出测量特征，如判断该测量特征需要更多的扫描测量，则需要在 Scan 程序里增加相关的扫描位置，直至所有测量特征都能准确测量。

9）输出测量结果，如图 5.152~图 5.154 所示。

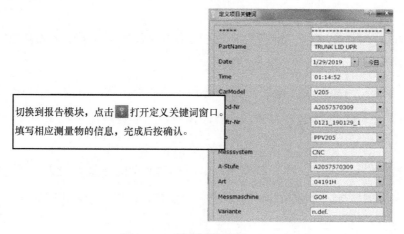

图 5.152　输出测量结果（一）

第 5 章 测量分析软件的使用

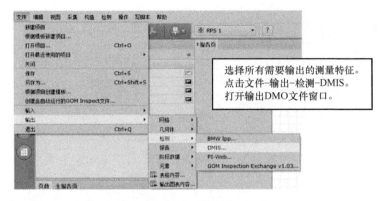

图 5.153 输出测量结果（二）

图 5.154 输出测量结果（三）

10）ATOS 报告编辑，如图 5.155~图 5.162 所示。

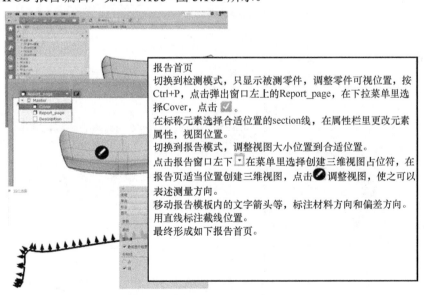

图 5.155 ATOS 报告编辑（一）

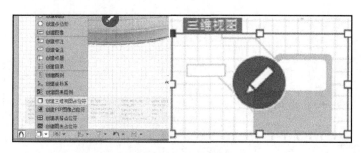

图 5.156　ATOS 报告编辑（二）

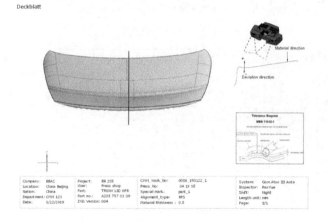

图 5.157　ATOS 报告编辑（三）

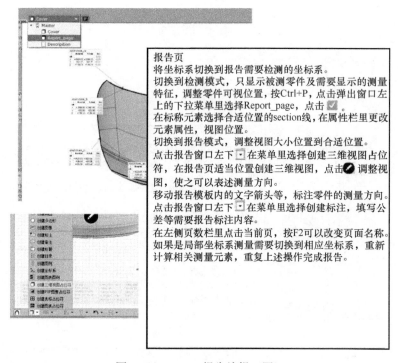

报告页
将坐标系切换到报告需要检测的坐标系。
切换到检测模式，只显示被测零件及需要显示的测量特征，调整零件可视位置，按Ctrl+P，点击弹出窗口左上的下拉菜单里选择Report_page，点击 。
在标称元素选择合适位置的section线，在属性栏里更改元素属性，视图位置。
切换到报告模式，调整视图大小位置到合适位置。
点击报告窗口左下 在菜单里选择创建三维视图占位符，在报告页适当位置创建三维视图，点击 调整视图，使之可以表述测量方向。
移动报告模板内的文字箭头等，标注零件的测量方向。
点击报告窗口左下 在菜单里选择创建标注，填写公差等需要报告标注内容。
在左侧页数栏里点击当前页，按F2可以改变页面名称。
如果是局部坐标系测量需要切换到相应坐标系，重新计算相关测量元素，重复上述操作完成报告。

图 5.158　ATOS 报告编辑（四）

第 5 章 测量分析软件的使用

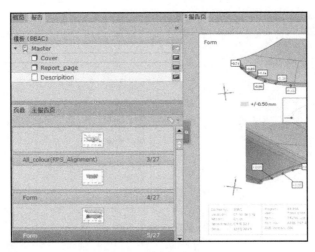

图 5.159　ATOS 报告编辑（五）

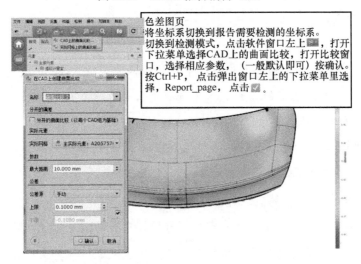

图 5.160　ATOS 报告编辑（六）

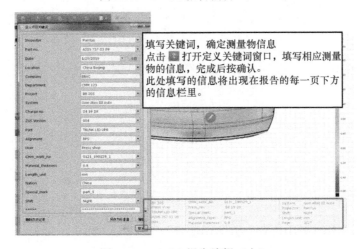

图 5.161　ATOS 报告编辑（七）

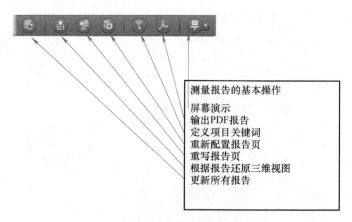

图 5.162　ATOS 报告编辑（八）

# 习　题

1. 自动化光学三维测量系统主要由哪三部分组成？

答案：由光学三维测量系统、机器人系统和安全系统三部分组成。

2. ATOS 系统主要的工作原理是什么？

答案：三角测量原理，也就是通过两种不同方法（TRITOP 摄影测量，ATOS Ⅲ Triple Scan 扫描测量），将每个三维测量点摄取到某一基准三角测量里。

3. 自动化光学三维测量的优点有哪些？

答案：缩短测量时间、有更好的重复性、有用户独立的测量协议、可以离线编程、高灵活性、可以应用（自动化的）首件的检测、可以快速地进行批量生产的测量、可以将测量结果系列化并整合到质量控制工作链中。

# 第 6 章
# 冲压件三坐标发展展望

改革开放 40 多年来，中国汽车工业取得了长足的进步。冲压件测量专业在汽车工业发展的浪潮中，也通过不断的方法创新、技术迭代，在整车制造、质量检查、尺寸管理等环节扮演着越来越重要的角色。尤其是在对车身尺寸要求越来越严格的今天，冲压件测量对于助力冲压模具开发和序列化尺寸监控的重要程度越来越突出。

冲压件三坐标测量的"新四化"——冲压件测量设备的光学化，冲压件检具、支具的柔性化，冲压件测量方法的精准化，冲压件测量人员的专业化是整个冲压件测量专业发展的基石与前提，更是整车制造领域逐步向世界一流水平看齐的关键。

然而，随着测量技术的发展与升级，三坐标测量的功能在未来可能会发生较大的改变。相对于三坐标测量，在线测量有许多优势，如高效、便捷、报废率低等。当在线测量的效率和精确度有较大的提高后，三坐标考核测量的功能会逐步由在线测量所取代。但是，这并不意味着三坐标测量会消失，而是更专注于分析测量与实验测量，这两种测量更注重人的判断与决策。对于不同的问题，都会有特殊的测量设计。高精度的测量结果，辅助强大的处理软件，能够完成各种复杂的分析工作。目前就有多项相应技术应用，例如虚拟匹配：将单件的测量结果，应用 Polyworks 软件进行虚拟装配，再完成问题分析。还有许多离线加密分析测量、坐标系变换、多批次装配实验性测量等，都展现了三坐标测量对于质量问题分析解决的能力和成本优化能力。将实物实验转化成虚拟实验将会是未来的发展趋势，其高效率、低成本、准确的优势会在未来的三坐标测量中充分体现。同时，由于冲压零件柔软和易变形等特性，要想实现冲压零件的在线测量功能，必须借鉴现有三坐标测量方式，使用支具装夹等方法。因此，发展在线测量技术转化也将是未来三坐标发展的重要方向。

三坐标的未来将会在"新四化"的基础上建立成为一个类似于实验工作室的问题解决中心，为客户提供专业、定制的分析报告，解决大部分尺寸相关质量问题。同时作为技术转化的桥头堡，为实现智能测量、智能闭环反馈、全自动化的智能工厂的目标领航。